· 林木种质资源技术规范丛书 ·

丛书主编：郑勇奇 林富荣

（4-3）

# 木通种质资源

## 描述规范和数据标准

# DESCRIPTORS AND DATA STANDARDS
# FOR AKEBIA GERMPLASM RESOURCES

( AKEBIA DECNE.)

李斌　郑勇奇 / 主编

中国林业出版社

China Forestry Publishing House

**图书在版编目（CIP）数据**

木通种质资源描述规范和数据标准/李斌，郑勇奇主编 .—北京：中国林业出版社，2022.1

ISBN 978-7-5219-1557-0

Ⅰ.①木… Ⅱ.①李… ②郑… Ⅲ.①木通–种质资源–描写–规范②木通–种质资源–数据–标准 Ⅳ.①Q949.746.6

中国版本图书馆 CIP 数据核字（2022）第 009217 号

中国林业出版社·风景园林分社

责任编辑：张　华

出版发行：中国林业出版社（100009　北京西城区德内大街刘海胡同 7 号）

| | |
|---|---|
| 网　　址： | http：//lycb.forestry.gov.cn |
| 电　　话： | (010)83143566 |
| 印　　刷： | 河北京平诚乾印刷有限公司 |
| 版　　次： | 2022 年 2 月第 1 版 |
| 印　　次： | 2022 年 2 月第 1 次 |
| 开　　本： | 710mm×1000mm　1/16 |
| 印　　张： | 7.5 |
| 字　　数： | 180 千字 |
| 定　　价： | 39.00 元 |

## 《木通种质资源描述规范和数据标准》编者

主　　编　李　斌　郑勇奇

副主编　张艺华　许新桥　武建宏

执笔人　王一涵　王晓叶　孙君策　许新桥

　　　　李　斌　刘　儒　余　警　苏　上

　　　　张艺华　易官美　武建宏　林富荣

　　　　郑勇奇　黄　平　夏　珊　程诗明

审稿人　李文英

# 林木种质资源技术规范丛书

林木种质资源是林木育种的物质基础，是林业可持续发展和维护生物多样性的重要保障，是国家重要的战略资源。中国林木种质资源种类多、数量大，在国际上占有重要地位，是世界上树种和林木种质资源最丰富的国家之一。

我国的林木种质资源收集保存与资源数字化工作始于20世纪80年代，至2018年年底，国家林木种质资源平台已累计完成9万余份林木种质资源的整理和共性描述。与我国林木种质资源的丰富程度相比，林木种质资源相关技术规范依然缺乏，尤其是特征特性的描述规范严重滞后，远不能满足我国林木种质资源规范描述和有效管理的需求。林木种质资源的特征特性描述为育种者和资源使用者广泛关注，对林木遗传改良和良种生产具有重要作用。因此，开展林木种质资源技术规范丛书的编撰工作十分必要。

林木种质资源技术规范的制定是实现我国林木种质资源工作的标准化、数字化、信息化，实现林木种质资源高效管理的一项重要任务，也是林木种质资源研究和利用的迫切需要。其主要作用是：①规范林木种质资源的收集、整理、保存、鉴定、评价和利用；②评价林木种质资源的遗传多样性和丰富度；③提高林木种质资源整合的效率，实现林木种质资源的共享和高效利用。

林木种质资源技术规范丛书是我国首次对林木种质资源相关工

作和重点林木种质资源的描述进行规范，旨在为林木种质资源的调查、收集、编目、整理、保存等工作提供技术依据。

林木种质资源技术规范丛书的编撰出版，是国家林木种质资源平台的重要任务之一，受到国家科技部平台中心、国家林业和草原局等主管部门的指导，并得到中国林业科学研究院和平台参加单位的大力支持，在此谨致诚挚的谢意。

由于本书涉及范围较广，难免有疏漏之处，恳请读者批评指正。

丛书编辑委员会
2019 年 5 月

# 《木通种质资源描述规范和数据标准》

前言 PREFACE

　　本书中木通特指木通科（Lardizabalaceae）木通属（Akebia）植物的总称。本属植物全世界有5个种，分别是日本木通（A. pentaphyla）、长序木通（A. longeracemosa）、木通（A. quinata）、三叶木通（A. trifoliata）和清水山木通（A. chingshuiensis）。三叶木通有白木通（A. trifoliata subsp. australis）、长萼三叶木通（A. trifoliata subsp. longisepala）2个亚种，白木通通常为常绿木质藤本，叶革质狭长，分布于长江流域；长萼三叶木通通常为半落叶藤本，叶革质，分布于甘肃文县和四川石棉。东亚地区是木通属的天然分布区域，其中中国分布4种2亚种，是木通属植物的现代分布中心。

　　木通果实俗称八月瓜、八月炸等。其果肉味道香甜，可作水果食用。种子含油率高，可用于榨油。木通具有重要的药用价值，全株可入药。根茎中富含齐墩果酸、皂苷、鼠李糖苷、豆甾醇等药用物质。根入药能补虚、止痛、止咳和调经；茎藤入药有解毒利尿、行水泻火、舒经活络及安胎的效用；果实入药具有疏肝健脾、和胃顺气、生津止渴并抗癌的作用。木通也是一种园林观赏植物，春季花团锦簇，夏秋硕果累累，具有较高的观赏价值。

　　《木通种质资源描述规范和数据标准》的制定是国家林木种质资源平台数据整理、整合的一项重要内容。有利于整合我国木通种质资源，规范木通种质资源的收集、整理和保存等基础性工作，创造良好的资源和信息共享环境和条件；有利于保护和利用木通种质资源，充分挖掘其潜在的经济、社会、生态和园林应用等方面的价值，促进木通种质资源的有序利用和高效发展。

　　木通种质资源描述规范规定了木通属种质资源的描述符及其分级标准，以便对木通属种质资源进行标准化整理和数字化表达。木通种质资源数据标准规定了木通属种质资源各描述符的字段名称、类型、长度、小数位、代码等，以便建立统一规范的木通属种质资源数据库。木通属种质资源数据质量控制规范规定了木通属种质资源数据采集全过程中的质量控制内容和质量控制方法，以保证数据的系统性、可比性和可靠性。

《木通种质资源描述规范和数据标准》由中国林业科学研究院林业研究所李斌、郑勇奇主持编写。中国林业科学研究院科技处院省合作办公室、浙江省林业科学研究院、宁波城市职业技术学院、河南省南阳市林业局、淅川县林业局等单位参与编写。编写过程中得到了科技部平台中心、国家林业和草原局等主管部门的指导。在此一并致以诚挚的谢意！

由于全书涉及范围较广，编著者水平有限，错误和疏漏之处在所难免，恳请读者批评指正。

编者
2020 年 4 月

# 目 录 CONTENTS

林木种质资源技术规范丛书前言

《木通种质资源描述规范和数据标准》前言

# 木通种质资源描述规范和数据标准制定的原则和方法

## 1　木通描述规范制定的原则和方法

### 1.1　原则

1.1.1　优先采用现有数据库中的描述符和描述标准。

1.1.2　以种质资源研究为主，兼顾生产与市场的需要。

1.1.3　立足于现有研究基础数据，考虑到将来的发展，尽量与国际接轨。

### 1.2　方法和要求

1.2.1　描述符类别分为6类。

    1　基本信息

    2　形态特征和生物学特性

    3　品质特性

    4　抗逆性

    5　抗病虫性

    6　其他特征特性

1.2.2　描述符代号由描述符类别加两位顺序号组成，如"110""208""501"等。

1.2.3　描述符性质分为3类。

    M 必选描述符(所有种质必须鉴定评价的描述符)

    O 可选描述符(可选择鉴定评价的描述符)

    C 条件描述符(只对特定种质进行鉴定评价的描述符)

1.2.4　描述符的代码应是有序的，如数量性状从细到粗、从低到高、从小到大、从少到多、从弱到强、从差到好排列，颜色从浅到深，抗性从强到弱等。

1.2.5  每个描述符应有一个基本的定义或说明。数量性状标明单位，质量性状应有评价标准和等级划分。

1.2.6  植物学形态描述符一般附模式图。

1.2.7  重要数量性状以数值表示。

# 2  木通数据标准制定的原则和方法

## 2.1  原则

2.1.1  数据标准中的描述符与描述规范相一致。

2.1.2  数据标准优先考虑现有数据库中的数据标准。

## 2.2  方法和要求

2.2.1  数据标准中的代号与描述规范中的代号一致。

2.2.2  字段名最长12位。

2.2.3  字段类型分字符型（C）、数值型（N）和日期型（D）。日期型的格式为YYYYMMDD。

2.2.4  经度的类型为N，格式为DDDFFSS；纬度的类型为N，格式为DDFFSS，其中D为（°），F为（′），S为（″）；东经以正数表示，西经以负数表示；北纬以正数表示，南纬以负数表示。如"12136""–3921"。

# 3  木通数据质量控制规范制定的原则和方法

3.1.1  采集的数据应具有系统性、可比性和可靠性。

3.1.2  数据质量控制以过程控制为主，兼顾结果控制。

3.1.3  数据质量控制方法具有可操作性。

3.1.4  鉴定评价方法以现行国家标准和行业标准为首选依据；如无国家标准和行业标准，则以国际标准或国内比较公认的先进方法为依据。

3.1.5  每个描述符的质量控制应包括田间设计、样本数或群体大小、时间或时期、取样数和取样方法、计量单位、精度和允许误差，采用的鉴定评价规范和标准，采用的仪器设备，性状的观测和等级划分方法，数据校验和数据分析。

| 序号 | 代号 | 描述符 | 描述符性质 | 单位或代码 |
|---|---|---|---|---|
| 1 | 101 | 资源流水号 | M | |
| 2 | 102 | 资源编号 | M | |
| 3 | 103 | 种质名称 | M | |
| 4 | 104 | 种质外文名 | O | |
| 5 | 105 | 科中文名 | M | |
| 6 | 106 | 科拉丁名 | M | |
| 7 | 107 | 属中文名 | M | |
| 8 | 108 | 属拉丁名 | M | |
| 9 | 109 | 种中文名 | M | |
| 10 | 110 | 种拉丁名 | M | |
| 11 | 111 | 原产地 | M | |
| 12 | 112 | 省(自治区、直辖市) | M | |
| 13 | 113 | 原产国家 | M | |
| 14 | 114 | 来源地 | M | |
| 15 | 115 | 归类编码 | O | |
| 16 | 116 | 资源类型 | M | 1：野生资源(群体、种源)  2：野生资源(家系)<br>3：野生资源(个体、基因型)  4：地方品种<br>5：选育品种  6：遗传材料  7：其他 |
| 17 | 117 | 主要特性 | M | 1：高产  2：优质  3：抗病  4：抗虫  5：抗逆<br>6：高效  7：其他 |
| 18 | 118 | 主要用途 | M | 1：材用  2：食用  3：药用  4：防护  5：观赏<br>6：其他 |

（续）

| 序号 | 代号 | 描述符 | 描述符性质 | 单位或代码 |
|---|---|---|---|---|
| 19 | 119 | 气候带 | M | 1：热带　2：亚热带　3：温带　3：寒温带　5：寒带 |
| 20 | 120 | 生长习性 | M | 1：喜光　2：耐盐碱　3：喜水肥　4：耐干旱 |
| 21 | 121 | 开花结实特性 | M | |
| 22 | 122 | 特征特性 | M | |
| 23 | 123 | 具体用途 | M | |
| 24 | 124 | 观测地点 | M | |
| 25 | 125 | 繁殖方式 | M | 1：有性繁殖(种子繁殖)　2：有性繁殖(胎生繁殖)　3：无性繁殖(扦插繁殖)　4：无性繁殖(嫁接繁殖)　5：无性繁殖(根繁)　6：无性繁殖(分蘖繁殖)　7：无性繁殖(组织培养/体细胞培养) |
| 26 | 126 | 选育单位 | C | |
| 27 | 127 | 育成年份 | C | |
| 28 | 128 | 海拔 | M | m |
| 29 | 129 | 经度 | M | |
| 30 | 130 | 纬度 | M | |
| 31 | 131 | 土壤类型 | O | |
| 32 | 132 | 生态环境 | O | |
| 33 | 133 | 年均温度 | O | ℃ |
| 34 | 134 | 年均降水量 | O | mm |
| 35 | 135 | 图像 | M | |
| 36 | 136 | 记录地址 | O | |
| 37 | 137 | 保存单位 | M | |
| 38 | 138 | 单位编号 | M | |
| 39 | 139 | 库编号 | O | |
| 40 | 140 | 引种号 | O | |
| 41 | 141 | 采集号 | O | |
| 42 | 142 | 保存时间 | M | YYYYMMDD |
| 43 | 143 | 保存材料类型 | M | 1：植株　2：种子　3：营养器官(穗条、块根、根穗、根鞭等)　4：花粉　5：培养物(组培材料)　6：其他 |
| 44 | 144 | 保存方式 | M | 1：原地保存　2：异地保存　3：设施(低温库)保存 |
| 45 | 145 | 实物状态 | M | 1：良好　2：中等　3：较差　4：缺失 |

（续）

| 序号 | 代号 | 描述符 | 描述符性质 | 单位或代码 |
|---|---|---|---|---|
| 46 | 146 | 共享方式 | M | 1：公益性　2：公益借用　3：合作研究　4：知识产权交易　5：资源纯交易　6：资源租赁　7：资源交换　8：收藏地共享　9：行政许可　10：不共享 |
| 47 | 147 | 获取途径 | M | 1：邮递　2：现场获取　3：网上订购　4：其他 |
| 48 | 148 | 联系方式 | M | |
| 49 | 149 | 源数据主键 | O | |
| 50 | 150 | 关联项目及编号 | M | |
| 51 | 201 | 生活型 | M | 1：常绿　2：半落叶　3：落叶 |
| 52 | 202 | 植株性别 | M | 1：雌雄同株　2：雌株　3：雄株 |
| 53 | 203 | 生长势 | M | 1：弱　2：中　3：强 |
| 54 | 204 | 藤茎 | O | cm |
| 55 | 205 | 主茎颜色 | M | 1：紫褐　2：灰褐 |
| 56 | 206 | 一年生枝颜色 | M | 1：橙　2：褐　3：灰褐　4：灰 |
| 57 | 207 | 一年生枝节间长 | O | cm |
| 58 | 208 | 一年生枝节数 | O | 1：少　2：中　3：多 |
| 59 | 209 | 一年生枝粗 | O | mm |
| 60 | 210 | 茎藤横截面纹理 | M | 1：不清晰　2：比较清晰　3：清晰 |
| 61 | 211 | 茎藤色泽 | M | 1：绿白　2：灰白　3：灰褐　4：灰棕　5：深棕 |
| 62 | 212 | 茎藤容重 | M | g/cm$^3$ |
| 63 | 213 | 根系 | M | 1：不发达　2：较发达　3：发达 |
| 64 | 214 | 顶芽大小 | O | 1：小　2：中　3：大 |
| 65 | 215 | 顶芽颜色 | O | 1：黄绿　2：橙　3：褐　4：灰褐 |
| 66 | 216 | 叶柄长 | O | cm |
| 67 | 217 | 是否复叶 | M | 1：否　2：是 |
| 68 | 218 | 新叶主色 | M | 1：浅绿　2：绿　3：黄绿　4：浅黄　5：中黄　6：紫红 |
| 69 | 219 | 成熟叶主色 | M | 1：浅绿　2：绿　3：深绿　4：黄绿　5：紫红 |
| 70 | 220 | 小叶数量 | M | 1：3　2：5　3：其他 |
| 71 | 221 | 小叶质地 | O | 1：纸质　2：革质　3：半革质 |
| 72 | 222 | 小叶形状 | O | 1：长卵圆形　2：矩圆形　3：椭圆形　4：卵形 |
| 73 | 223 | 小叶是否全缘 | M | 1：否　2：是 |
| 74 | 224 | 小叶锯齿形态 | M | 1：波状锯齿　2：缺刻 |
| 75 | 225 | 小叶顶端形状 | O | 1：急尖　2：渐尖　3：圆钝　4：微凹 |

（续）

| 序号 | 代号 | 描述符 | 描述符性质 | 单位或代码 |
|---|---|---|---|---|
| 76 | 226 | 小叶基部形状 | O | 1：楔形  2：圆形  3：截形  4：心形 |
| 77 | 227 | 顶小叶长 | O | cm |
| 78 | 228 | 顶小叶宽 | O | cm |
| 79 | 229 | 花序类型 | M | 1：伞房状花序  2：总状花序 |
| 80 | 230 | 花柄长 | O | cm |
| 81 | 231 | 花序长 | O | cm |
| 82 | 232 | 单花序雄花朵数 | O | 1：少  2：中  3：多 |
| 83 | 233 | 雄花花梗长 | O | cm |
| 84 | 234 | 雄花萼片数 | M | 1：3  2：6  3：其他 |
| 85 | 235 | 雄花萼片形状 | M | 1：阔卵形  2：长卵形 |
| 86 | 236 | 雄花萼片颜色 | M | 1：白  2：浅红  3：浅紫  4：深紫  5：其他 |
| 87 | 237 | 雄花萼片长 | M | cm |
| 88 | 238 | 单花序雌花朵数 | M | 1：少  2：中  3：多 |
| 89 | 239 | 雌花花梗长 | O | cm |
| 90 | 240 | 雌花萼片数 | M | 1：3  2：6  3：其他 |
| 91 | 241 | 雌花萼片形状 | M | 1：线形  2：阔卵形  3：长圆形  4：近圆形 |
| 92 | 242 | 雌花萼片颜色 | M | 1：白  2：浅绿  3：浅黄  4：紫红  5：其他 |
| 93 | 243 | 雌花萼片长 | M | cm |
| 94 | 244 | 雌花心皮数 | O | 1：少  2：中  3：多 |
| 95 | 245 | 花香味 | M | 1：无  2：有 |
| 96 | 246 | 果柄附着力 | O | 1：弱  2：中  3：强 |
| 97 | 247 | 果实成熟时开裂 | M | 1：否  2：是 |
| 98 | 248 | 果实形状 | M | 1：椭球形  2：宽椭球形  3：近球形  4：不对称椭球形  5：长椭球形  6：肾形  7：镰刀形  8：柱形 |
| 99 | 249 | 单株果实数量 | M | 个 |
| 100 | 250 | 果实纵径 | M | cm |
| 101 | 251 | 果实横径 | M | cm |
| 102 | 252 | 果实横纵经比 | O | |
| 103 | 253 | 果实横截面形状 | O | 1：圆形  2：椭圆形  3：长椭圆形 |
| 104 | 254 | 果实外皮成熟主色 | M | 1：白  2：浅绿  3：绿  4：黄  5：橙  6：粉  7：红  8：紫  9：蓝  10：褐 |
| 105 | 255 | 果实内皮颜色 | M | 1：白  2：浅黄  3：浅红  4：浅紫  5：浅蓝 |

(续)

| 序号 | 代号 | 描述符 | 描述符性质 | 单位或代码 |
|---|---|---|---|---|
| 106 | 256 | 果实味道 | M | 1：甜味　2：无味　3：其他 |
| 107 | 257 | 果肉甜度 | M | 1：弱甜　2：中甜　3：高甜 |
| 108 | 258 | 果柄长 | O | cm |
| 109 | 259 | 果皮剥离容易度 | M | 1：易　2：中　3：难 |
| 110 | 260 | 果皮厚度 | O | mm |
| 111 | 261 | 平均单果质量 | M | g |
| 112 | 262 | 最大单果质量 | M | g |
| 113 | 263 | 单果果肉质量 | M | g |
| 114 | 264 | 单果果皮质量 | O | g |
| 115 | 265 | 每千克鲜果数 | O | 个 |
| 116 | 266 | 果皮百分率 | O | % |
| 117 | 267 | 果肉百分率 | M | % |
| 118 | 268 | 坐果率 | M | % |
| 119 | 269 | "大小年"现象 | M | 1：不明显　2：明显 |
| 120 | 270 | 果实后熟难易程度 | M | 1：易　2：中　3：难 |
| 121 | 271 | 果实耐贮性 | M | 1：弱　2：中　3：强 |
| 122 | 272 | 种子形状 | M | 1：椭圆形　2：心形　3：圆形 |
| 123 | 273 | 种子表皮颜色 | O | 1：褐　2：红褐　3：黑 |
| 124 | 274 | 种子大小 | O | 1：小　2：中　3：大 |
| 125 | 275 | 单果种子百分率 | O | % |
| 126 | 276 | 单果种子质量 | O | g |
| 127 | 277 | 单果种子数量 | M | 1：无或极少　2：少　3：中　4：多　5：很多 |
| 128 | 278 | 发芽率 | O | % |
| 129 | 279 | 千粒重 | O | g |
| 130 | 280 | 萌芽期 | O | 月　日 |
| 131 | 281 | 花芽形成期 | O | 月　日 |
| 132 | 282 | 花期 | O | 月　日 |
| 133 | 283 | 果期 | O | 月　日 |
| 134 | 284 | 果熟期 | M | 月　日 |
| 135 | 285 | 落叶期 | O | 月　日 |
| 136 | 301 | 种子含油率 | M | % |
| 137 | 302 | 种子棕榈酸含量 | O | % |

（续）

| 序号 | 代号 | 描述符 | 描述符性质 | 单位或代码 |
|---|---|---|---|---|
| 138 | 303 | 种子亚油酸含量 | O | % |
| 139 | 304 | 种子油酸含量 | O | % |
| 140 | 305 | 种子硬脂酸含量 | O | % |
| 141 | 306 | 种子饱和脂肪酸含量 | O | % |
| 142 | 307 | 种子不饱和脂肪酸含量 | O | % |
| 143 | 308 | 果肉维生素 C 含量 | M | mg/100g |
| 144 | 309 | 果肉总酸含量 | M | g/100g |
| 145 | 310 | 果肉总糖含量 | M | g/100g |
| 146 | 311 | 果肉还原糖含量 | O | mg/100g |
| 147 | 312 | 果肉蛋白质含量 | M | g/100g |
| 148 | 313 | 果肉氨基酸总含量 | M | mg/100g |
| 149 | 314 | 果肉脂肪含量 | O | g/100g |
| 150 | 315 | 果肉淀粉含量 | O | g/100g |
| 151 | 316 | 果肉可溶性固形物含量 | M | % |
| 152 | 317 | 果肉可溶性糖含量 | O | mg/100g |
| 153 | 318 | 果肉可溶性钙含量 | O | mg/100g |
| 154 | 319 | 果肉可溶性磷含量 | O | mg/100g |
| 155 | 320 | 果肉可溶性铁含量 | O | mg/100g |
| 156 | 321 | 果皮苯乙醇苷 B 含量 | O | % |
| 157 | 322 | 果皮总皂苷含量 | O | % |
| 158 | 323 | 果皮齐墩果酸含量 | O | % |
| 159 | 324 | 果皮总黄酮含量 | O | % |
| 160 | 325 | 藤条总皂苷含量 | O | % |
| 161 | 326 | 藤条齐墩果酸含量 | M | % |
| 162 | 327 | 藤条苯乙醇苷 B 含量 | O | % |
| 163 | 328 | 藤条总黄酮含量 | O | % |
| 164 | 401 | 耐旱性 | O | 1：强 2：中 3：弱 |
| 165 | 402 | 耐涝性 | O | 1：强 2：中 3：弱 |
| 166 | 403 | 耐寒性 | O | 1：强 2：中 3：弱 |
| 167 | 404 | 耐盐碱能力 | O | 1：强 2：中 3：弱 |
| 168 | 405 | 抗晚霜能力 | O | 1：强 2：中 3：弱 |
| 169 | 501 | 介壳虫抗性 | O | 1：高抗 3：抗 5：中抗 7：感 9：高感 |

（续）

| 序号 | 代号 | 描述符 | 描述符性质 | 单位或代码 |
|---|---|---|---|---|
| 170 | 502 | 蚜虫抗性 | O | 1：高抗  3：抗  5：中抗  7：感  9：高感 |
| 171 | 503 | 红蜘蛛抗性 | O | 1：高抗  3：抗  5：中抗  7：感  9：高感 |
| 172 | 504 | 叶斑病抗性 | O | 1：高抗  3：抗  5：中抗  7：感  9：高感 |
| 173 | 505 | 炭疽病抗性 | O | 1：高抗  3：抗  5：中抗  7：感  9：高感 |
| 174 | 506 | 霜霉病抗性 | O | 1：高抗  3：抗  5：中抗  7：感  9：高感 |
| 175 | 507 | 叶枯病抗性 | O | 1：高抗  3：抗  5：中抗  7：感  9：高感 |
| 176 | 508 | 白粉病抗性 | O | 1：高抗  3：抗  5：中抗  7：感  9：高感 |
| 177 | 601 | 指纹图谱与分子标记 | O | |
| 178 | 602 | 备注 | O | |

# 木通种质资源描述规范

## 1 范围

本规范规定了木通种质资源的描述符及其分级标准。

本规范适用于木通种质资源的收集、整理和保存，数据标准和数据质量控制规范的制定，以及数据库和信息共享网络系统的建立。

## 2 规范性引用文件

下列文件中的条款通过本规范的引用而成为本规范的条款。凡是注日期的引用文件，其随后所有的修改单（不包括勘误的内容）或修订版均不适用于本规范，然而，鼓励根据本规范达成协议的各方研究是否可使用这些文件的最新版本。凡是不注日期的引用文件，其最新版本适用于本规范。

ISO 3166　Codes for the Representation of Names of Countries

GB/T 2659　世界各国和地区名称代码

GB/T 2260—2007　中华人民共和国行政区划代码

GB/T 12404　单位隶属关系代码

LY/T 2192—2013　林木种质资源共性描述规范

GB/T 10466—1989　蔬菜、水果形态学和结构学术语（一）

GB/T 4407　经济作物种子

GB/T 14072—1993　林木种质资源保存原则与方法

The Royal Horticultural Society's Colour Chart

GB 10016—88　林木种子贮藏

GB 2772—1999  林木种子检验规程

GB 7908—1999  林木种子质量分级

GB/T16620—1996  林木育种及种子管理术语

# 3  术语和定义

## 3.1  木通

木通(*Akebia* Decne.)为木通科木通属木质藤本，具有独特的药用、果用、油用、蔬菜、茶饮、装饰、化工、观赏、生态及科研价值等。

## 3.2  木通种质资源

木通种、亚种、种源、家系、无性系、育成品种等。

## 3.3  基本信息

木通种质资源基本情况描述信息，包括资源编号、种质名称、学名、原产地、种质类型等。

## 3.4  形态特征和生物学特性

木通种质资源的植物学形态、产量和物候期等特征特性。

## 3.5  品质特性

木通种质资源的果实经济性状，果肉营养成分，种子含油率、脂肪酸组成，藤条、果皮药用成分等品质性状。

## 3.6  抗逆性

木通种质资源对各种非生物胁迫的适应或抵抗能力，包括抗旱性、耐涝性、抗寒性、耐盐碱能力、抗晚霜能力等。

## 3.7  抗病虫性

木通种质资源对各种生物胁迫的适应或抵抗能力，包括介壳虫、蚜虫、红蜘蛛、白斑病、炭疽病、霜霉病、叶枯病、白粉病等。

## 3.8  木通的年发育周期

木通在一年中随外界环境条件的变化而出现一系列的生理和形态变化，并呈现一定的生长发育规律性。这种随气候而变化的生命活动过程，称为年发育周期，可分为营养生长期、生殖生长期和休眠期3个阶段。营养生长期和生殖生长期包括发芽期、展叶期、始花期、盛花期、末花期、果实成熟期和落叶期等。有5%的芽萌发，并开始露出幼叶为发芽期。5%的幼叶展开为展叶期。5%的花全部开放为始花期，25%的花全部开放为盛花期，75%的花全部开放为末花期。25%的果实成熟，呈现出该品种固有的大小、性状和颜色等为果实成熟期。植株叶片褪绿、变黄、脱落为落叶期。

# 4 基本信息

## 4.1 资源流水号

木通种质资源进入数据库自动生成的编号。

## 4.2 资源编号

木通种质资源的全国统一编号。由 15 位符号组成，即树种代码(5 位)+保存地代码(6 位)+顺序号(4 位)。

树种代码：采用树种学名(拉丁名)的属名前 2 位字母+种名前 3 位字母组成，木通树种代码 AKQUI；

保存地代码：指资源保存地所在县级行政区域的代码，按照 GB/T 2260—2007 的规定执行；

顺序号：该类资源在保存库中的顺序号。

## 4.3 种质名称

每份木通种质资源的中文名称。

## 4.4 种质外文名

国外引进木通种质的外文名，国内种质资源不填写。

## 4.5 科中文名

木通科。

## 4.6 科拉丁名

Lardizabalaceae。

## 4.7 属中文名

木通属。

## 4.8 属拉丁名

*Akebia* Decne。

## 4.9 种中文名

木通、三叶木通等。

## 4.10 种拉丁名

*Akebia quinata*( Houtt. ) Decne，*Akebia trifoliata*（ Thunb. ） Koidz. etc.

## 4.11 原产地

国内木通种质资源的原产县、乡、村、林场名称。依照国家标准 GB/T 260—2007，填写原产县、自治县、县级市、市辖区、旗、自治旗、林区的名称以及具体的乡、村、林场等名称。

## 4.12 省(自治区、直辖市)

国内木通种质资源原产省份，依照国家标准 GB/T 260—2007，填写原产

省(自治区、直辖市)的名称;国外引进木通种质资源原产国家(或地区)一级
行政区的名称。

### 4.13　原产国家

木通种质资源的原产国家或地区的名称,依照国家标准《世界各国和地区
名称代码》(GB/T 2659—2000)中的规范名称填写。

### 4.14　来源地

国外引进木通种质资源的来源国名称、地区名称或国际组织名称;国内
木通种质资源的来源省(自治区、直辖市)、县名称。

### 4.15　归类编码

采用国家自然科技资源共享平台编制的《自然科技资源共性描述规范》(曹
一化 等,2006),依据其中"植物种质资源分级归类与编码表"中林木部分进
行编码(11位)。木通的归类编码是11132117000(药用原料类)。

### 4.16　资源类型

木通种质资源类型分为7类。

1　野生资源(群体、种源)

2　野生资源(家系)

3　野生资源(个体、基因型)

4　地方品种

5　选育品种

6　遗传材料

7　其他

### 4.17　主要特性

木通种质资源的主要特性。

1　高产

2　优质

3　抗病

4　抗虫

5　抗逆

6　高效

7　其他

### 4.18　主要用途

木通种质资源的主要用途。

1　材用

2　食用

    3  药用

    4  防护

    5  观赏

    6  其他

## 4.19　气候带

木通种质资源原产地所属气候带。

    1  热带

    2  亚热带

    3  温带

    4  寒温带

    5  寒带

## 4.20　生长习性

描述木通在长期自然选择中表现的生长、适应或喜好。如落叶灌木、直立生长、喜光、耐盐碱、喜水肥、耐干旱等。

## 4.21　开花结实特性

木通种质资源的开花和结实周期。

## 4.22　特征特性

木通种质资源可识别或独特的形态、特性。

## 4.23　具体用途

木通种质资源具有的特殊价值和用途。

## 4.24　观测地点

木通种质资源的形态、特性观测、测定的地点。

## 4.25　繁殖方式

木通种质资源的繁殖方式。

    1  有性繁殖(种子繁殖)

    2  有性繁殖(胎生繁殖)

    3  无性繁殖(扦插繁殖)

    4  无性繁殖(嫁接繁殖)

    5  无性繁殖(根繁)

    6  无性繁殖(分蘖繁殖)

    7  无性繁殖(组织培养/体细胞培养)

## 4.26　选育单位

选育木通品种的单位或个人(野生资源的采集单位或个人)。

## 4.27　育成年份

木通品种(系)育成的年份。

#### 4.28 海拔

木通种质资源原产地的海拔高度，单位为 m。

#### 4.29 经度

木通种质资源原产地的经度，格式为 DDDFFSS，其中 D 为度，F 为分，S 为秒。东经以正数表示，西经以负数表示。

#### 4.30 纬度

木通种质资源原产地的纬度，格式为 DDFFSS，其中 D 为度，F 为分，S 为秒。北纬以正数表示，南纬以负数表示。

#### 4.31 土壤类型

木通种质资源原产地的土壤条件，包括土壤质地、土壤名称、土壤酸碱度或性质等。

#### 4.32 生态环境

木通种质资源原产地的自然生态系统类型。

#### 4.33 年均温度

木通种质资源原产地的年平均温度，通常用当地最近气象台近 30~50 年的年均温度，单位为℃。

#### 4.34 年均降水量

木通种质资源原产地的年均降水量，通常用当地最近气象台近 30~50 年的年均降水量，单位为 mm。

#### 4.35 图像

木通种质资源的图像信息，图像格式为 .jpg。

#### 4.36 记录地址

提供木通种质资源详细信息的网址或数据库记录链接。

#### 4.37 保存单位

木通种质资源的保存单位名称(全称)。

#### 4.38 单位编号

木通种质资源在保存单位中的编号。

#### 4.39 库编号

木通种质资源在种质资源库或圃中的编号。

#### 4.40 引种号

木通种质资源从国外引入时的编号。

#### 4.41 采集号

木通种质在野外采集时的编号。

#### 4.42 保存时间

木通种质资源被收藏单位收藏或保存的时间，以"年月日"表示，格式为

"YYYYMMDD"。

### 4.43 保存材料类型

保存的木通种质材料的类型。

1　植株

2　种子

3　营养器官(穗条、块根、根穗、根鞭等)

4　花粉

5　培养物(组培材料)

6　其他

### 4.44 保存方式

木通种质资源保存的方式。

1　原地保存

2　异地保存

3　设施(低温库)保存

### 4.45 实物状态

木通种质资源实物的状态。

1　良好

2　中等

3　较差

4　缺失

### 4.46 共享方式

木通种质资源实物的共享方式。

1　公益性

2　公益借用

3　合作研究

4　知识产权交易

5　资源纯交易

6　资源租赁

7　资源交换

8　收藏地共享

9　行政许可

10　不共享

### 4.47 获取途径

获取木通种质资源实物的途径。

1 邮递

2 现场获取

3 网上订购

4 其他

## 4.48 联系方式

获取木通种质资源的联系方式。包括联系人、单位、邮编、电话、E-mail 等。

## 4.49 数据主键

链接林木种质资源特性或详细信息的主键值。

## 4.50 关联项目及编号

木通种质资源收集、选育或整合所依托的项目及编号。

# 5 形态特征和生物学特性

## 5.1 生活型

木通长期适应生境条件，在形态上表现出来的生长类型。

1 常绿

2 半落叶

3 落叶

## 5.2 植株性别

木通植株的性别。

1 雌雄同株

2 雌株

3 雄株

## 5.3 生长势

在正常条件下木通植株生长所表现出的强弱程度。

1 弱

2 中

3 强

## 5.4 藤茎

木通主藤茎基部的直径，单位为 cm。

## 5.5 主茎颜色

木通主茎表面的颜色。

1 紫褐

2 灰褐

## 5.6 一年生枝颜色

木通一年生枝条表面的颜色。

　　　　1　橙

　　　　2　褐

　　　　3　灰褐

　　　　4　灰

## 5.7 一年生枝节间长

木通一年生枝节间的平均长度，单位为 cm。

## 5.8 一年生枝节数

木通一年生枝节的数量。

　　　　1　少

　　　　2　中

　　　　3　多

## 5.9 一年生枝粗

木通一年生枝基部横径长度，测量时量取最宽处直径，单位为 mm。

## 5.10 茎藤横截面纹理

木通茎藤的横截面导管及髓射线清晰度。

　　　　1　不清晰

　　　　2　比较清晰

　　　　3　清晰

## 5.11 茎藤色泽

木通茎藤表皮的色泽。

　　　　1　绿白

　　　　2　灰白

　　　　3　灰褐

　　　　4　灰棕

　　　　5　深棕

## 5.12 茎藤容重

木通茎藤单位体积的重量，单位为 $g/cm^3$。

## 5.13 根系

木通植株根系的发达程度。

　　　　1　不发达

　　　　2　较发达

　　　　3　发达

## 5.14  顶芽大小

木通植株主茎顶端的芽的大小。

    1  小

    2  中

    3  大

## 5.15  顶芽颜色

木通植株主茎顶端的芽的颜色。

    1  黄绿

    2  橙

    3  褐

    4  灰褐

## 5.16  叶柄长

木通叶片与茎相连的柄的长度，单位为 cm。

## 5.17  是否复叶

木通植株在总叶柄上是否着生许多小叶，即是否为复叶。

    1  否

    2  是

## 5.18  新叶主色

木通植株新生叶片主要的颜色。

    1  浅绿

    2  绿

    3  黄绿

    4  浅黄

    5  中黄

    6  紫红

## 5.19  成熟叶主色

木通植株成熟叶片主要的颜色。

    1  浅绿

    2  绿

    3  深绿

    4  黄绿

    5  紫红

## 5.20  小叶数量

木通小叶叶片的总数量(图1)。

    1  3

2　5

3　其他

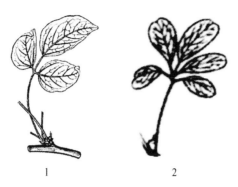

图1　小叶数量

## 5.21　小叶质地

木通小叶叶片的质地。

1　纸质

2　革质

3　半革质

## 5.22　小叶形状

木通小叶叶片的形状(图2)。

1　长卵圆形

2　矩圆形

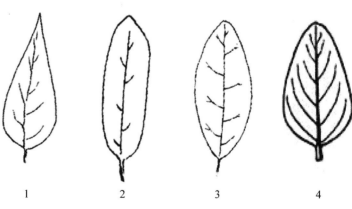

图2　小叶形状

3　椭圆形

4　卵形

#### 5.23 小叶是否全缘

木通小叶叶片边缘是否为全缘。

    1  否

    2  是

#### 5.24 小叶锯齿形态

木通小叶叶片锯齿的形状。

    1  波状锯齿

    2  缺刻

#### 5.25 小叶顶端形状

木通小叶叶片远离茎杆的一端的形状(图3)。

    1  急尖

    2  渐尖

    3  圆钝

    4  微凹

    1             2             3            4

图3  小叶顶端形状

#### 5.26 小叶基部形状

木通小叶叶片靠近茎杆一端的形状(图4)。

    1  楔形

    2  圆形

    3  截形

    4  心形

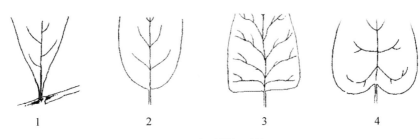

图 4 小叶基部形状

## 5.27 顶小叶长

木通小叶叶片基部和叶尖之间的最大距离,单位为 cm。

## 5.28 顶小叶宽

木通小叶叶片最宽处的宽度,单位为 cm。

## 5.29 花序类型

木通花在花序梗上的排列情况。

　　1 伞房状花序

　　2 总状花序

## 5.30 花柄长

木通花序中每朵花着生的小枝长度,即花与茎相连的柄的长度,单位为 cm。

## 5.31 花序长

木通花序梗基部到花序顶端的长度,单位为 cm。

## 5.32 单花序雄花朵数

木通植株单个花序雄花的数量。

　　1 少

　　2 中

　　3 多

## 5.33 雄花花梗长

木通花序中每朵雄花着生的小枝,即雄花花梗的长度,单位为 cm。

## 5.34 雄花萼片数

木通雄花萼片的数量(图5)。

　　1 3

　　2 6

　　3 其他

图 5　雄花萼片数量及形状

## 5.35　雄花萼片形状

木通雄花萼片的形状(图6)。

　　1　阔卵形

　　2　长卵形

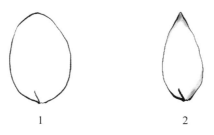

图 6　雄花萼片形状

## 5.36　雄花萼片颜色

木通雄花萼片的颜色。

　　1　白

　　2　浅红

　　3　浅紫

　　4　深紫

　　5　其他

## 5.37　雄花萼片长度

木通雄花的萼片基部和尖端之间的最大距离，单位为 cm。

## 5.38　单花序雌花朵数

木通植株单个花序雌花的数量。

　　1　少

　　2　中

　　3　多

### 5.39 雌花花梗长

木通花序中每朵雌花着生的小枝，即雌花花梗的长度，单位为 cm。

### 5.40 雌花萼片数

木通雌花萼片的数量(图 7)。

    1   3

    2   6

    3   其他

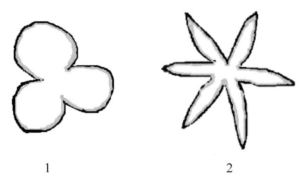

       1                             2

图 7　雌花萼片数量及形状

### 5.41 雌花萼片形状

木通雌花单个萼片的形状(图 8)。

    1   线形

    2   阔卵形

    3   长圆形

    4   近圆形

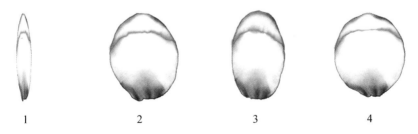

   1             2             3             4

图 8　雌花萼片形状

### 5.42 雌花萼片颜色

木通雌花萼片的颜色。

    1   白

        2   浅绿

        3   浅黄

        4   紫红

        5   其他

## 5.43　雌花萼片长

木通雌花的萼片基部和尖端之间的最大距离，单位为 cm。

## 5.44　雌花心皮数

木通雌花的心皮数量。

        1   少

        2   中

        3   多

## 5.45　花香味

木通植株的花朵是否具有香味。

        1   无

        2   有

## 5.46　果柄附着力

木通果实与茎连接处的果柄在植株上的附着力大小，影响果实是否易脱落。

        1   弱

        2   中

        3   强

## 5.47　果实成熟时开裂

木通果实成熟时，是否沿腹缝线开裂。

        1   否

        2   是

## 5.48　果实形状

木通果实成熟时的外部形态(图 9)。

        1   椭球形

        2   宽椭球形

        3   近球形

        4   不对称椭球形

        5   长椭球形

        6   肾形

        7   镰刀形

8　柱形

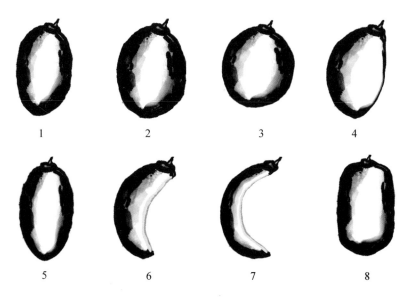

图 9　果实形状

## 5.49　单株果实数量

木通成龄单株结果的数量，一般每份种质取 30 株的平均值，单位为个。

## 5.50　果实纵径

木通成熟果实纵径的长度，测量时从基部量至顶部，一般每份种质取 30 株，每株取一个平均水平的果实，测算其平均值，单位为 cm。

## 5.51　果实横径

木通成熟果实横径长度，量取最宽处直径，一般每份种质取 30 株，每株取一个平均水平的果实，测算其平均值，单位为 cm。

## 5.52　果实横纵径比

木通果实横径与纵径的比值。

## 5.53　果实横截面形状

木通成熟果实的横截面形状。

　　1　圆形

　　2　椭圆形

　　3　长椭圆形

## 5.54　果实外皮成熟主色

木通成熟果皮外表面的主要颜色。

　　1　白

2　浅绿

3　绿

4　黄

5　橙

6　粉

7　红

8　紫

9　蓝

10　褐

## 5.55　果实内皮颜色

木通成熟果皮内表面的颜色。

1　白

2　浅黄

3　浅红

4　浅紫

5　浅蓝

## 5.56　果实味道

木通成熟果实的食用口味。

1　甜味

2　无味

3　其他

## 5.57　果肉甜度

木通成熟果实果肉甜度的强弱程度。

1　弱甜

2　中甜

3　高甜

## 5.58　果柄长

木通果实与茎连接处的柄的长度，单位为 cm。

## 5.59　果皮剥离容易度

木通成熟果实的果皮与果肉分离的容易程度。

1　易

2　中

3　难

## 5.60　果皮厚

木通成熟果实果皮最厚处的厚度，单位为 mm。

### 5.61 平均单果质量

木通果实完全成熟时，一棵植株上单个果实的平均重量，单位为 g。

### 5.62 最大单果质量

木通成熟植株果实的最大单果重量，单位为 g。

### 5.63 单果果肉质量

木通成熟植株果实的单果果肉的平均重量，单位为 g。一般每份种质取 30 株，每株取一个平均水平的果实，测算其平均值。

### 5.64 单果果皮质量

木通成熟植株果实的单果果皮的平均重量，单位为 g。一般每份种质取 30 株，每株取一个平均水平的果实，测算其平均值。

### 5.65 每千克鲜果数

木通成熟果实每千克鲜果的数量，单位为个。

### 5.66 果皮百分率

木通成熟果实单果的果皮重量占整个果实重量的百分比，以%表示，一般每份种质取 30 株，每株取一个平均水平的果实，测算其平均值。

### 5.67 果肉百分率

木通成熟果实单果的果肉重量占整个果实重量的百分比，以%表示。

### 5.68 坐果率

木通果实自然状态下实际结果数占总开花朵数的百分比，以%表示，一般每份种质取 30 株，测算其平均值。

### 5.69 "大小年"现象

木通植株一年多产(大年)一年少产(小年)的现象。

    1 不明显

    2 明显

### 5.70 果实后熟难易程度

木通果实经过采收，离开植株后的成熟难易程度。

    1 易

    2 中

    3 难

### 5.71 果实耐贮性

木通成熟果实采收后的耐受贮藏能力。

    1 弱

    2 中

    3 强

### 5.72　种子形状

木通完全成熟的种子外部形态。

    1　椭圆形

    2　心形

    3　圆形

### 5.73　种子表皮颜色

木通完全成熟的种子外表皮的颜色。

    1　褐

    2　红褐

    3　黑

### 5.74　种子大小

木通完全成熟的种子的大小。

    1　小

    2　中

    3　大

### 5.75　单果种子百分率

木通成熟果实单果的种子重量占整个果实重量的百分比，以%表示。一般每份种质取 30 个平均水平的果实进行计算。

### 5.76　单果种子质量

木通成熟果实单果所有种子的重量，单位为 g。

### 5.77　单果种子数量

木通成熟果实单果所有种子数量的多少。

    1　无或极少(0~9 粒)

    2　少(10~79 粒)

    3　中(80~149 粒)

    4　多(150~249 粒)

    5　很多(250 粒以上)

### 5.78　发芽率

测试种子发芽数占测试种子总数的百分比，以%表示。

### 5.79　千粒重

1 000 粒种子的重量，是体现种子大小与饱满程度的一项指标，单位为 g。

### 5.80　萌芽期

树冠外围短枝 5% 的顶芽萌动并开始露出幼叶的日期，以"某月某日"表示。

### 5.81 花芽形成期

植株产生花或花序的原基，即花芽形成的日期，以"某月某日"表示。

### 5.82 花期

花序分离后，植株上第一朵花开放的日期，以"某月某日"表示。

### 5.83 果期

植株上第一个果实形成的日期，以"某月某日"表示。

### 5.84 果熟期

全株50%~80%的果实具有成熟特征，果实大小已长定而逐步出现应有颜色的物候期，以"某月某日"表示。

### 5.85 落叶期

采用目测法，观察整个植株，全株25%的叶片自然脱落的日期，以"某月某日"表示。

# 6 品质特性

### 6.1 种子含油率

木通种子中油脂的含量，以%表示。

### 6.2 种子棕榈酸含量

木通种子中棕榈酸的含量，以%表示。

### 6.3 种子亚油酸含量

木通种子中亚油酸的含量，以%表示。

### 6.4 种子油酸含量

木通种子中油酸的含量，以%表示。

### 6.5 种子硬脂酸含量

木通种子中硬脂酸的含量，以%表示。

### 6.6 种子饱和脂肪酸含量

木通种子中饱和脂肪酸的含量，以%表示。

### 6.7 种子不饱和脂肪酸含量

木通种子中不饱和脂肪酸的含量，以%表示。

### 6.8 果肉维生素 C 含量

木通成熟果实果肉中维生素 C 的含量，单位为 mg/100g。

### 6.9 果肉总酸含量

木通成熟果实果肉中总酸的含量，单位为 g/100g。

### 6.10 果肉总糖含量

木通成熟果实果肉中总糖的含量，单位为 g/100g。

**6.11 果肉还原糖含量**

木通成熟果实果肉中还原糖的含量，单位为 mg/100g。

**6.12 果肉蛋白质含量**

木通成熟果实果肉中蛋白质的含量，单位为 g/100g。

**6.13 果肉氨基酸含量**

木通成熟果实果肉中氨基酸的含量，单位为 mg/100g。

**6.14 果肉脂肪含量**

木通成熟果实果肉中脂肪的含量，单位为 g/100g。

**6.15 果肉淀粉含量**

木通成熟果实果肉中淀粉的含量，单位为 g/100g。

**6.16 果肉可溶性固形物含量**

木通成熟果实果肉中可溶性固形物的含量，以%表示。

**6.17 果肉可溶性糖含量**

木通成熟果实果肉中可溶性糖的含量，单位为 mg/100g。

**6.18 果肉可溶性钙含量**

木通成熟果实果肉中可溶性钙的含量，单位为 mg/100g。

**6.19 果肉可溶性磷含量**

木通成熟果实果肉中可溶性磷的含量，单位为 mg/100g。

**6.20 果肉可溶性铁含量**

木通成熟果实果肉中可溶性铁的含量，单位为 mg/100g。

**6.21 果皮苯乙醇苷 B 含量**

木通成熟果实果皮中乙醇苷 B 的含量，以%表示。

**6.22 果皮总皂苷含量**

木通成熟果实果皮中总皂苷的含量，以%表示。

**6.23 果皮齐墩果酸含量**

木通成熟果实果皮中齐墩果酸的含量，以%表示。

**6.24 果皮总黄酮含量**

木通成熟果实果皮中总黄酮的含量，以%表示。

**6.25 藤条总皂苷含量**

木通藤条中总皂苷的含量，以%表示。

**6.26 藤条齐墩果酸含量**

木通藤条中齐墩果酸的含量，以%表示。

**6.27 藤条苯乙醇苷 B 含量**

木通藤条中乙醇苷 B 的含量，以%表示。

## 6.28 藤条总黄酮含量

木通藤条中总黄酮的含量，以%表示。

# 7 抗逆性

## 7.1 耐旱性

木通植株抵抗或忍耐干旱的能力。

    1  强

    2  中

    3  弱

## 7.2 耐涝性

木通植株抵抗或忍耐高湿水涝的能力。

    1  强

    2  中

    3  弱

## 7.3 耐寒性

木通植株抵抗或忍耐低温寒冷的能力。

    1  强

    2  中

    3  弱

## 7.4 耐盐碱能力

木通植株抵抗或忍耐盐碱的能力。

    1  强

    2  中

    3  弱

## 7.5 抗晚霜能力

木通植株抵抗或忍耐晚霜的能力。

    1  强

    2  中

    3  弱

# 8 抗病虫性

## 8.1 介壳虫抗性

木通对介壳虫的抗性强弱。

    1  高抗（HR）

    3  抗（R）

    5  中抗（MR）

    7  感（S）

    9  高感（HS）

## 8.2 蚜虫抗性

木通叶片、果实等对蚜虫的抗性强弱。

    1  高抗（HR）

    3  抗（R）

    5  中抗（MR）

    7  感（S）

    9  高感（HS）

## 8.3 红蜘蛛抗性

木通叶片、果实等对红蜘蛛的抗性强弱。

    1  高抗（HR）

    3  抗（R）

    5  中抗（MR）

    7  感（S）

    9  高感（HS）

## 8.4 叶斑病抗性

木通叶片对叶斑病的抗性强弱。

    1  高抗（HR）

    3  抗（R）

    5  中抗（MR）

    7  感（S）

    9  高感（HS）

## 8.5 炭疽病抗性

木通叶片、果实等对炭疽病的抗性强弱。

    1  高抗（HR）

3 抗(R)

5 中抗(MR)

7 感(S)

9 高感(HS)

### 8.6 霜霉病抗性

木通叶片、果实等对霜霉病的抗性强弱。

1 高抗(HR)

3 抗(R)

5 中抗(MR)

7 感(S)

9 高感(HS)

### 8.7 叶枯病抗性

木通叶片对叶枯病的抗性强弱。

1 高抗(HR)

3 抗(R)

5 中抗(MR)

7 感(S)

9 高感(HS)

### 8.8 白粉病抗性

木通叶片、果实等对白粉病的抗性强弱。

1 高抗(HR)

3 抗(R)

5 中抗(MR)

7 感(S)

9 高感(HS)

# 9 其他特征特性

### 9.1 指纹图谱与分子标记

木通核心种质DNA指纹图谱的构建和分子标记类型及其特征参数。

### 9.2 备注

木通种质特殊描述符或特殊代码的具体说明。

# 木通种质资源数据标准 四

| 序号 | 代号 | 描述符<br>（字段名） | 字段<br>英文名 | 字段<br>类型 | 字段<br>长度 | 字段<br>小数位 | 单位 | 代码 | 代码<br>英文名 | 例子 |
|---|---|---|---|---|---|---|---|---|---|---|
| 1 | 101 | 资源流水号 | Running number | C | 20 | | | | | 1111C0003119001959 |
| 2 | 102 | 资源编号 | Accession number | C | 20 | | | | | AKTRI140828006 |
| 3 | 103 | 种质名称 | Accession name | C | 30 | | | | | 三叶木通-MC06 |
| 4 | 104 | 种质外文名 | Alien name | C | 40 | | | | | MC06 of Akebiatrifoliata |
| 5 | 105 | 科中文名 | Chinese name of family | C | 10 | | | | | 木通科 |
| 6 | 106 | 科拉丁名 | Latin name of family | C | 30 | | | | | Lardizabalaceae |
| 7 | 107 | 属中文名 | Genus name | C | 10 | | | | | 木通属 |
| 8 | 108 | 属拉丁名 | Latin name of genus | C | 40 | | | | | Akebia |
| 9 | 109 | 种名或亚种名 | Species or subspecies name | C | 50 | | | | | 三叶木通 |
| 10 | 110 | 种拉丁名 | Latin name of species | C | 30 | | | | | Akebia trifoliata (Thunb.) Koidz. |
| 11 | 111 | 原产地 | Place of origin | C | 20 | | | | | 夏县 |

（续）

| 序号 | 代号 | 描述符（字段名） | 字段英文名 | 字段类型 | 字段长度 | 字段小数位 | 单位 | 代码 | 代码英文名 | 例子 |
|---|---|---|---|---|---|---|---|---|---|---|
| 12 | 112 | 省（自治区、直辖市） | Province of origin | C | 6 | | | | | 山西 |
| 13 | 113 | 原产国家 | Country of origin | C | 16 | | | | | 中国 |
| 14 | 114 | 来源地 | Sample source | C | 30 | | | | | 山西夏县 |
| 15 | 115 | 归类编码 | Sorting code | C | 11 | | | | | 1113217000 |
| 16 | 116 | 资源类型 | Biogical status of accession | C | 12 | | | 1：野生资源（群体、种源）<br>2：野生资源（家系）<br>3：野生资源（个体、基因型）<br>4：地方品种<br>5：选育品种<br>6：遗传材料<br>7：其他 | 1：Wild resource（Group, Provenance）<br>2：Wild resource（Family）<br>3：Wild resource（Individual, Genotype）<br>4：Local variety<br>5：Breeding varieties<br>6：Genetic material<br>7：Others | 野生资源（个体） |
| 17 | 117 | 主要特性 | Key features | C | 4 | | | 1：高产<br>2：优质<br>3：抗病<br>4：抗虫<br>5：抗逆<br>6：高效<br>7：其他 | 1：High yield<br>2：High quality<br>3：Disease-resistant<br>4：Insect-resistant<br>5：Anti-adversity<br>6：Highly active<br>7：Others | 高产；有效 |

（续）

| 序号 | 代号 | 描述符（字段名） | 字段英文名 | 字段类型 | 字段长度 | 小数位 | 单位 | 代码 | 代码英文名 | 例子 |
|---|---|---|---|---|---|---|---|---|---|---|
| 18 | 118 | 主要用途 | Main use | C | 4 | | | 1:材用<br>2:食用<br>3:药用<br>4:防护<br>5:观赏<br>6:其他 | 1:Timber-used<br>2:Edible<br>3:Officinal<br>4:Protection<br>5:Ornamental<br>6:Others | 观赏;食用;药用 |
| 19 | 119 | 气候带 | Climate zone | C | 6 | | | 1:热带<br>2:亚热带<br>3:温带<br>4:寒温带<br>5:寒带 | 1:Tropics<br>2:Subtropics<br>3:Temperate zone<br>4:Cold temperate zone<br>5:Frigid zone | 温带 |
| 20 | 120 | 生长习性 | Growth habit | C | 6 | | | 1:喜光<br>2:耐盐碱<br>3:喜水肥<br>4:耐干旱 | 1:Light favoured<br>2:Salinity<br>3:Water-liking<br>4:Drought-resistant | 喜水肥 |
| 21 | 121 | 开花结实特性 | Characteristics of flowering and fruiting | M | 100 | | | | | 结实大小年周期1~2年,4~5月始花,9月果实成熟 |
| 22 | 122 | 特征特性 | Characteristics | M | 100 | | | | | 落叶木质藤木,掌状复叶互生或短枝上的簇生,小叶3片,纸质或革质,总状花序自短枝上簇生叶丛中抽出,果长圆形,种子极多,果皮红褐色或褐色,稍有光泽 |

（续）

| 序号 | 代号 | 描述符（字段名） | 字段英文名 | 字段类型 | 字段长度 | 字段小数位 | 单位 | 代码 | 代码英文名 | 例子 |
|---|---|---|---|---|---|---|---|---|---|---|
| 23 | 123 | 具体用途 | Specific use | C | 4 | | | | | 酿酒 |
| 24 | 124 | 观测地点 | Observation location | C | 10 | | | | | 夏县祁家河乡马村 |
| 25 | 125 | 繁殖方式 | Means of reproduction | M | 50 | | | 1：有性繁殖（种子繁殖）<br>2：有性繁殖（胎生繁殖）<br>3：无性繁殖（扦插繁殖）<br>4：无性繁殖（嫁接繁殖）<br>5：无性繁殖（根繁）<br>6：无性繁殖（分蘖繁殖）<br>7：无性繁殖（组织培养/体细胞培养） | 1: Sexual propagation (Seed reproduction)<br>2: Sexual propagation (Viviparous reproduction)<br>3: Asexual propagation (Cutting reproduction)<br>4: Asexual propagation (Grafting reproduction)<br>5: Asexual propagation (Root)<br>6: Asexual propagation (Tillering reproduction)<br>7: Asexual propagation (Tissue culture / Somatic cell culture) | 有性繁殖（种子繁殖） |
| 26 | 126 | 选育单位 | Breeding institute | C | 40 | | | | | 山西省林业科学研究院 |
| 27 | 127 | 育成年份 | Releasing year | N | 4 | 0 | | | | 2016 |
| 28 | 128 | 海拔 | Altitude | N | 5 | 0 | m | | | 842 |
| 29 | 129 | 经度 | Longitude | N | 6 | 0 | | | | 112.34 |
| 30 | 130 | 纬度 | Latitude | N | 5 | 0 | | | | 33.51 |
| 31 | 131 | 土壤类型 | Soil type | C | 8 | | | | | 沙壤土，pH中性 |

（续）

| 序号 | 代号 | 描述符（字段名） | 字段英文名 | 字段类型 | 字段长度 | 字段小数位 | 单位 | 代码 | 代码英文名 | 例子 |
|---|---|---|---|---|---|---|---|---|---|---|
| 32 | 132 | 生态环境 | Ecological environment | C | 12 | | | | | 含针叶树的温带落叶阔叶林地带 |
| 33 | 133 | 年均温度 | Average annual temperature | N | 6 | 1 | ℃ | | | 12.9 |
| 34 | 134 | 年均降水量 | Average annual precipitation | N | 4 | 0 | mm | | | 550.0 |
| 35 | 135 | 图像 | Image file name | C | 30 | | | | | 1111C0003119001959-1.jpg |
| 36 | 136 | 记录地址 | Record address | C | 30 | | | | | 夏县祁家河乡马村 |
| 37 | 137 | 保存单位 | Conservation institute | C | 40 | | | | | 山西省林业科学研究院 |
| 38 | 138 | 单位编号 | Conservation institute number | C | 10 | | | | | SYMT-MC06 |
| 39 | 139 | 库编号 | Base number | C | 10 | | | | | SYMT-MC06 |
| 40 | 140 | 引种号 | Introduction number | C | 8 | | | | | SYMT-MC06 |
| 41 | 141 | 采集号 | Collecting number | C | 10 | | | | | MC06 |
| 42 | 142 | 保存时间 | Conservation time | D | 4 | | | | | 20160922 |
| 43 | 143 | 保存材料类型 | Donor material type | C | 10 | | | 1:植株<br>2:种子<br>3:营养器官（穗条、块根、根鞭等）<br>4:花粉<br>5:培养物（组培材料）<br>6:其他 | 1:Plant<br>2:Seed<br>3:Vegetative organ（Scion, Root tuber, Root whip）<br>4:Pollen<br>5:Culture（Tissue culture material）<br>6:Others | 植株 |

（续）

| 序号 | 代号 | 描述符（字段名） | 字段英文名 | 字段类型 | 字段长度 | 字段小数位 | 单位 | 代码 | 代码英文名 | 例子 |
|---|---|---|---|---|---|---|---|---|---|---|
| 44 | 144 | 保存方式 | Conservation mode | C | 8 | | | 1：原地保存<br>2：异地保存<br>3：设施（低温库）保存 | 1：In situ conservation<br>2：Ex situ conservation<br>3：Low temperature preservation | 原地保存 |
| 45 | 145 | 实物状态 | Physical state | C | 4 | | | 1：良好<br>2：中等<br>3：较差<br>4：缺失 | 1：Good<br>2：Medium<br>3：Poor<br>4：Defect | 良好 |
| 46 | 146 | 共享方式 | Sharing methods | C | 20 | | | 1：公益性<br>2：公益借用<br>3：合作研究<br>4：知识产权交易<br>5：资源纯交易<br>6：资源租赁<br>7：资源交换<br>8：收藏地共享<br>9：行政许可<br>10：不共享 | 1：Public interest<br>2：Public borrowing<br>3：Cooperative research<br>4：Intellectual property rights transaction<br>5：Pure resources transaction<br>6：Resource rent<br>7：Resourcedischange<br>8：Collection local share<br>9：Administrative license<br>10：Not share | 合作研究 |
| 47 | 147 | 获取途径 | Obtain way | C | 8 | | | 1：邮递<br>2：现场获取<br>3：网上订购<br>4：其他 | 1：Post<br>2：Captured in the field<br>3：Online ordering<br>4：Others | 邮递 |
| 48 | 148 | 联系方式 | Contact way | C | 11 | | | | | |
| 49 | 149 | 源数据主键 | Key words of source data | C | 30 | | | | | |

（续）

| 序号 | 代号 | 描述符（字段名） | 字段英文名 | 字段类型 | 字段长度 | 字段小数位 | 单位 | 代码 | 代码英文名 | 例子 |
|---|---|---|---|---|---|---|---|---|---|---|
| 50 | 150 | 关联项目 | Related project | M | 50 | | | | | |
| 51 | 201 | 生活型 | Life form | C | 10 | | | 1:常绿 2:半落叶 3:落叶 | 1:Evergreen 2:Semi-deciduous 3:Deciduous | 落叶 |
| 52 | 202 | 植株性别 | Plant sex | C | 8 | | | 1:雌雄同株 2:雌株 3:雄株 | 1:Monoecious 2:Female plant 3:Male plant | 雌雄同株 |
| 53 | 203 | 生长势 | Tree vigor | C | 2 | | | 1:弱 2:中 3:强 | 1:Weak 2:Intermediate 3:Strong | 强 |
| 54 | 204 | 藤茎 | Vine size | C | 2 | | cm | | | | 1.1 |
| 55 | 205 | 主茎颜色 | Main stem color | C | 4 | | | 1:紫褐 2:灰褐 | 1:Puce 2:Grayish-brown | 灰褐 |
| 56 | 206 | 一年生枝颜色 | Color of annual branch | C | 4 | | | 1:橙 2:褐 3:灰褐 4:灰 | 1:Orange 2:Brown 3:Grayish-brown 4:Grey | 褐 |
| 57 | 207 | 一年生枝节间长 | Internode length of annual branch | C | 2 | | cm | | | | 6 |
| 58 | 208 | 一年生枝节数 | Node number of annual branch | C | 2 | | | 1:少 2:中 3:多 | 1:Little 2:Intermediate 3:Much | 中 |

（续）

| 序号 | 代号 | 描述符（字段名） | 字段英文名 | 字段类型 | 字段长度 | 字段小数位 | 单位 | 代码 | 代码英文名 | 例子 |
|---|---|---|---|---|---|---|---|---|---|---|
| 59 | 209 | 一年生枝粗 | Coarseness of annual branch | C | 2 | | mm | | | 6.7 |
| 60 | 210 | 茎藤横截面纹理 | Cross-sectional texture of vine | C | 8 | | | 1:不清晰 2:比较清晰 3:清晰 | 1:Blurring 2:Clearer 3:Clear | 清晰 |
| 61 | 211 | 茎藤色泽 | Vine color | C | 6 | | | 1:绿白 2:灰白 3:灰褐 4:灰棕 5:深棕 | 1:Green-white 2:Pale 3:Grayish-brown 4:Gray-palm 5:Dark brown | 灰褐 |
| 62 | 212 | 茎藤容重 | Bulk density of vine | C | 2 | | g/cm³ | | | 0.393 |
| 63 | 213 | 根系 | Root system | C | 6 | | | 1:不发达 2:较发达 3:发达 | 1:Underdeveloped 2:More developed 3:Developed | 发达 |
| 64 | 214 | 顶芽大小 | Apical bud size | C | 2 | | | 1:小 2:中 3:大 | 1:Small 2:Intermediate 3:Big | 中 |
| 65 | 215 | 顶芽颜色 | Apical bud color | C | 6 | | | 1:黄绿 2:橙 3:褐 4:灰褐 | 1:Yellow-green 2:Orange 3:Brown 4:Grayish-brown | 黄绿 |
| 66 | 216 | 叶柄长 | Petiole length | C | 2 | | cm | | | 0.9 |

（续）

| 序号 | 代号 | 描述符（字段名） | 字段英文名 | 字段类型 | 字段长度 | 字段小数位 | 单位 | 代码 | 代码英文名 | 例子 |
|---|---|---|---|---|---|---|---|---|---|---|
| 67 | 217 | 是否复叶 | Compound leaf | C | 2 | | | 1：否<br>2：是 | 1：No<br>2：Yes | 是 |
| 68 | 218 | 新叶主色 | Main colors of new leaves | C | 6 | | | 1：浅绿<br>2：绿<br>3：黄绿<br>4：浅黄<br>5：中黄<br>6：紫红 | 1：Light green<br>2：Green<br>3：Yellow-green<br>4：Light-yellow<br>5：Medium-yellow<br>6：Purplish-red | 浅绿 |
| 69 | 219 | 成熟叶主色 | Main color of mature leaves | C | 6 | | | 1：浅绿<br>2：绿<br>3：深绿<br>4：黄绿<br>5：紫红 | 1：Light-green<br>2：Green<br>3：Dark-green<br>4：Yellow-green<br>5：Purplish-red | 绿 |
| 70 | 220 | 小叶数量 | Leaflet number | N | 2 | | | 1：3<br>2：5<br>3：其他 | 1：Three<br>2：Five<br>3：Others | 3 |
| 71 | 221 | 小叶质地 | Leaflet texture | C | 6 | | | 1：纸质<br>2：革质<br>3：半革质 | 1：Paper quality<br>2：Leathery<br>3：Semi leathery | 纸质 |
| 72 | 222 | 小叶形状 | Leaflet shape | C | 8 | | | 1：长卵圆形<br>2：矩圆形<br>3：椭圆形<br>4：卵形 | 1：Long oval<br>2：Rectangular circle<br>3：Ellipse<br>4：Ovate | 椭圆形 |

（续）

| 序号 | 代号 | 描述符（字段名） | 字段英文名 | 字段类型 | 字段长度 | 字段小数位 | 单位 | 代码 | 代码英文名 | 例子 |
|---|---|---|---|---|---|---|---|---|---|---|
| 73 | 223 | 小叶是否全缘 | Leaflet entire margin | N | 2 | | | 1：否 2：是 | 1：No 2：Yes | 否 |
| 74 | 224 | 小叶锯齿形态 | Sawtooth morphology of leaflets | C | 8 | | | 1：波状锯齿 2：缺刻 | 1：Wavy sawtooth 2：Incision | 波状锯齿 |
| 75 | 225 | 小叶顶端形状 | Top shape of leaflet | C | 4 | | | 1：急尖 2：渐尖 3：圆钝 4：微凹 | 1：Acute apex 2：Acuminate 3：Round blunt 4：Dimple | 渐尖 |
| 76 | 226 | 小叶基部形状 | Basal shape of leaflet | C | 4 | | | 1：楔形 2：圆形 3：截形 4：心形 | 1：Wedge 2：Circular 3：Truncate 4：Heart-shaped | 圆形 |
| 77 | 227 | 顶小叶长 | Leaflet length | C | 2 | | cm | | | 4.5 |
| 78 | 228 | 顶小叶宽 | Leaflet width | C | 2 | | cm | | | 2.5 |
| 79 | 229 | 花序类型 | Inflorescence type | C | 10 | | | 1：伞房状花序 2：总状花序 | 1：Corymbose inflorescence 2：Raceme | 伞房状花序 |
| 80 | 230 | 花柄长 | Flower stalk length | C | 4 | | cm | | | 2.8 |
| 81 | 231 | 花序长 | Inflorescence length | C | 2 | | cm | | | 9.4 |
| 82 | 232 | 单花序雄花朵数 | Male flower number | C | 2 | | | 1：少 2：中 3：多 | 1：Little 2：Intermediate 3：Much | 中 |
| 83 | 233 | 雄花花梗长 | Male pedicel length | C | 2 | | cm | | | 1.0 |

（续）

| 序号 | 代号 | 描述符（字段名） | 字段英文名 | 字段类型 | 字段长度 | 字段小数位 | 单位 | 代码 | 代码英文名 | 例子 |
|---|---|---|---|---|---|---|---|---|---|---|
| 84 | 234 | 雄花萼片数 | Number of male sepals | N | 1 | | | 1:3<br>2:6<br>3:其他 | 1:Three<br>2:Six<br>3:Others | 3 |
| 85 | 235 | 雄花萼片形状 | Male sepal shape | C | 6 | | | 1:阔卵形<br>2:长卵形 | 1:Broad ovate<br>2:Long ovate | 阔卵形 |
| 86 | 236 | 雄花萼片颜色 | Male sepal color | C | 6 | | | 1:白<br>2:浅红<br>3:浅紫<br>4:深紫<br>5:其他 | 1:White<br>2:Light-red<br>3:Light-purple<br>4:Dark-purple<br>5:Others | 浅红 |
| 87 | 237 | 雄花萼片长 | Male sepal length | C | 2 | | cm | | | 0.5 |
| 88 | 238 | 雌花朵数 | Female flower number | C | 2 | | | 1:少<br>2:中<br>3:多 | 1:Little<br>2:Intermediate<br>3:Much | 中 |
| 89 | 239 | 雌花花梗长 | Female pedicel length | C | 2 | | cm | | | 3.2 |
| 90 | 240 | 雌花萼片数 | Female sepals | N | 1 | | | 1:3<br>2:6<br>3:其他 | 1:Three<br>2:Six<br>3:Others | 3 |
| 91 | 241 | 雌花萼片形状 | Female sepal shape | C | 6 | | | 1:线形<br>2:阔卵形<br>3:长圆形<br>4:近圆形 | 1:Linear<br>2:Broad ovate<br>3:Oval shape<br>4:Near circular | 阔卵形 |

（续）

| 序号 | 代号 | 描述符（字段名） | 字段英文名 | 字段类型 | 字段长度 | 字段小数位 | 单位 | 代码 | 代码英文名 | 例子 |
|---|---|---|---|---|---|---|---|---|---|---|
| 92 | 242 | 雌花萼片颜色 | Female sepal color | C | 6 | | | 1：白 2：浅绿 3：浅黄 4：紫红 5：其他 | 1：White 2：Light-green 3：Light-yellow 4：Purple-red 5：Others | 浅绿 |
| 93 | 243 | 雌花萼片长 | Female sepal length | C | 2 | | cm | | | 1.2 |
| 94 | 244 | 雌花心皮数 | Number of carpels in female flowers | C | 2 | | | 1：少 2：中 3：多 | 1：Little 2：Intermediate 3：Much | 中 |
| 95 | 245 | 花香味 | Floral | C | 2 | | | 1：无 2：有 | 1：No 2：Yes | 无 |
| 96 | 246 | 果柄附着力 | Stipe adhesion | C | 2 | | | 1：弱 2：中 3：强 | 1：Weak 2：Intermediate 3：Strong | 中 |
| 97 | 247 | 果实成熟时开裂 | Fruit cracking at ripening | C | 2 | | | 1：否 2：是 | 1：No 2：Yes | 是 |
| 98 | 248 | 果实形状 | Fruit shape | C | 12 | | | 1：椭球形 2：宽椭球形 3：近球形 4：不对称椭球形 5：长椭球形 6：肾形 7：镰刀形 8：柱形 | 1：Ellipsoid 2：Wide ellipsoid 3：Near spherical 4：Asymmetric ellipsoid 5：Long ellipsoid 6：Reniform 7：Meniscus 8：Column shape | 长椭球形 |

（续）

| 序号 | 代号 | 描述符<br>（字段名） | 字段<br>英文名 | 字段<br>类型 | 字段<br>长度 | 字段<br>小数位 | 单位 | 代码 | 代码<br>英文名 | 例子 |
|---|---|---|---|---|---|---|---|---|---|---|
| 99 | 249 | 单株果实数量 | Fruit quantity | C | 2 | | 个 | | | 5 |
| 100 | 250 | 果实纵径 | Fruit longitudinal diameter | C | 2 | | cm | | | 7.7 |
| 101 | 251 | 果实横径 | Fruit transverse diameter | C | 2 | | cm | | | 4.5 |
| 102 | 252 | 果实横纵径比 | The ratio of transverse diameter to longitudinal diameter | O | 2 | | | | | 0.58 |
| 103 | 253 | 果实横截面形状 | Fruit cross-sectional shape | C | 6 | | | 1：圆形<br>2：椭圆形<br>3：长椭圆形 | 1：Circular<br>2：Ellipse<br>3：Long ellipse | 圆形 |
| 104 | 254 | 果实外皮成熟主色 | Main color of fruit pericarp maturity | C | 6 | | | 1：白<br>2：浅绿<br>3：绿<br>4：黄<br>5：橙<br>6：粉<br>7：红<br>8：紫<br>9：蓝<br>10：褐 | 1：White<br>2：Light-green<br>3：Green<br>4：Yellow<br>5：Orange<br>6：Pink<br>7：Red<br>8：Purple<br>9：Blue<br>10：Brown | 紫 |
| 105 | 255 | 果实内皮颜色 | Fruit endothelial color | C | 6 | | | 1：白<br>2：浅黄<br>3：浅红<br>4：浅紫<br>5：浅蓝 | 1：White<br>2：Light-yellow<br>3：Light-red<br>4：Light-purple<br>5：Light-blue | 浅紫 |

（续）

| 序号 | 代号 | 描述符（字段名） | 字段英文名 | 字段类型 | 字段长度 | 字段小数位 | 单位 | 代码 | 代码英文名 | 例子 |
|---|---|---|---|---|---|---|---|---|---|---|
| 106 | 256 | 果实味道 | Fruit flavor | C | 4 | | | 1：甜味<br>2：无味<br>3：其他 | 1：Sweet<br>2：Tasteless<br>3：Others | 甜味 |
| 107 | 257 | 果肉甜度 | Pulp sweetness | C | 2 | | | 1：弱甜<br>2：中甜<br>3：高甜 | 1：Weak<br>2：Intermediate<br>3：Strong | 高甜 |
| 108 | 258 | 果柄长 | Fruit stalk length | C | 2 | | cm | | | 6.4 |
| 109 | 259 | 果皮剥离容易度 | Peel peeling ease | C | 2 | | | 1：易<br>2：中<br>3：难 | 1：Easy<br>2：Intermediate<br>3：Difficult | 易 |
| 110 | 260 | 果皮厚 | Peel thickness | C | 2 | | mm | | | 7 |
| 111 | 261 | 平均单果质量 | Average weight of fruits | M | | | g | | | 80.0 |
| 112 | 262 | 最大单果质量 | The biggest single fruit quality | C | 2 | | g | | | 87.0 |
| 113 | 263 | 单果果肉质量 | Single pulp quality | C | 2 | | g | | | 21.3 |
| 114 | 264 | 单果果皮质量 | Cortical quality of single fruit | C | 2 | | g | | | 58.5 |
| 115 | 265 | 每千克鲜果数 | Number of fresh fruit per kilogram | N | 4 | | 个 | | | 5.3 |
| 116 | 266 | 果皮百分率 | Pericarp percentage | N | 5 | | % | | | 66.1 |
| 117 | 267 | 果肉百分率 | Pulp percentage | N | 5 | | % | | | 20.0 |

（续）

| 序号 | 代号 | 描述符（字段名） | 字段英文名 | 字段类型 | 字段长度 | 字段小数位 | 单位 | 代码 | 代码英文名 | 例子 |
|---|---|---|---|---|---|---|---|---|---|---|
| 118 | 268 | 坐果率 | Fruit setting rate | N | 5 | | % | | | 56.0 |
| 119 | 269 | "大小年"现象 | Unstable yielding phenomenon | C | 6 | | | 1:不明显<br>2:明显 | 1:Not obvious<br>2:Obvious | 不明显 |
| 120 | 270 | 果实后熟难易程度 | Difficulty level of fruit after-ripening | C | 2 | | | 1:易<br>2:中<br>3:难 | 1:Easy<br>2:Intermediate<br>3:Difficult | 中 |
| 121 | 271 | 果实耐贮性 | Storage tolerance of fruits | C | 2 | | | 1:弱<br>2:中<br>3:强 | 1:Weak<br>2:Intermediate<br>3:Strong | 中 |
| 122 | 272 | 种子形状 | Seed shape | C | 6 | | | 1:椭圆形<br>2:心形<br>3:圆形 | 1:Ellipse<br>2:Heart-shaped<br>3:Circular | 椭圆形 |
| 123 | 273 | 种子表皮颜色 | Seed epidermis color | C | 6 | | | 1:褐<br>2:红褐<br>3:黑 | 1:Brown<br>2:Red-brown<br>3:Dark | 红褐 |
| 124 | 274 | 种子大小 | Seed size | C | 2 | | | 1:小<br>2:中<br>3:大 | 1:Small<br>2:Intermediate<br>3:Big | 大 |
| 125 | 275 | 单果种子百分率 | Percentage of single fruit seeds | N | 5 | | % | | | 13.9 |
| 126 | 276 | 单果种子质量 | Single fruit seed quality | C | 2 | | g | | | 8.9 |

（续）

| 序号 | 代号 | 描述符（字段名） | 字段英文名 | 字段类型 | 字段长度 | 字段小数位 | 单位 | 代码 | 代码英文名 | 例子 |
|---|---|---|---|---|---|---|---|---|---|---|
| 127 | 277 | 单果种子数量 | Number of single fruit seeds | C | 8 | | | 1:无或极少<br>2:少<br>3:中<br>4:多<br>5:很多 | 1:None or very few<br>2:Little<br>3:Intermediate<br>4:Much<br>5:Pretty much | 很多 |
| 128 | 278 | 发芽率 | Germination rate | N | 5 | | % | | | 88.6 |
| 129 | 279 | 千粒重 | 1 000 grain weight | N | 5 | | g | | | 300.0 |
| 130 | 280 | 萌芽期 | Date of bud burst | D | 8 | | | | | 3月8日 |
| 131 | 281 | 花芽形成期 | Date of flower bud formation | D | 8 | | | | | 4月12 |
| 132 | 282 | 花期 | Date of flowering | D | 8 | | | | | 4月25日 |
| 133 | 283 | 果期 | Date of result | D | 8 | | | | | 8月20日 |
| 134 | 284 | 果熟期 | Date of fruit maturation | D | 8 | | | | | 9月10日 |
| 135 | 285 | 落叶期 | Date of defoliation | D | 8 | | | | | 11月11日 |
| 136 | 301 | 种子含油率 | Oil content of seeds | C | 2 | 1 | % | | | 47.6 |
| 137 | 302 | 种子棕榈酸含量 | Content of palmitic acid in seeds | C | 2 | | % | | | 18.6 |
| 138 | 303 | 种子亚油酸含量 | Linoleic acid content in seeds | C | 2 | | % | | | 26.4 |
| 139 | 304 | 种子油酸含量 | Oleic acid content in seeds | C | 2 | | % | | | 48.1 |

（续）

| 序号 | 代号 | 描述符（字段名） | 字段英文名 | 字段类型 | 字段长度 | 字段小数位 | 单位 | 代码 | 代码英文名 | 例子 |
|---|---|---|---|---|---|---|---|---|---|---|
| 140 | 305 | 种子硬脂酸含量 | Stearic acid content in seeds | C | 2 | | % | | | 4.1 |
| 141 | 306 | 种子饱和脂肪酸含量 | Saturated fatty acids content in seeds | C | 2 | | % | | | 23.6 |
| 142 | 307 | 种子不饱和脂肪酸含量 | Unsaturated fatty acid content in seeds | C | 2 | | % | | | 72.1 |
| 143 | 308 | 果肉维生素C含量 | Vitamin C content in pulp | C | 2 | | mg/100g | | | 0.1 |
| 144 | 309 | 果肉总酸含量 | Total acid content in pulp | C | 2 | | g/100g | | | 0.21 |
| 145 | 310 | 果肉总糖含量 | Total sugar content in pulp | C | 2 | | g/100g | | | 12.3 |
| 146 | 311 | 果肉还原糖含量 | Reducing sugar content in pulp | C | 2 | | mg/100g | | | 8.5 |
| 147 | 312 | 果肉蛋白质含量 | Protein content in pulp | C | 2 | | g/100g | | | 0.45 |
| 148 | 313 | 果肉氨基酸总含量 | Total amino acids content in pulp | C | 2 | | mg/100g | | | 818.5 |
| 149 | 314 | 果肉脂肪含量 | Flesh fat content | C | 2 | | g/100g | | | 2.9 |
| 150 | 315 | 果肉淀粉含量 | Starch content in pulp | C | 2 | | g/100g | | | 5.5 |
| 151 | 316 | 果肉可溶性固形物含量 | Content of soluble solids in pulp | C | 2 | | % | | | 8.0 |

（续）

| 序号 | 代号 | 描述符（字段名） | 字段英文名 | 字段类型 | 字段长度 | 字段小数位 | 单位 | 代码 | 代码英文名 | 例子 |
|------|------|------|------|------|------|------|------|------|------|------|
| 152 | 317 | 果肉可溶性糖含量 | Soluble sugar content in pulp | C | 2 | | mg/100g | | | 4.9 |
| 153 | 318 | 果肉可溶性钙含量 | Soluble calcium content in pulp | C | 2 | | mg/100g | | | 0.9 |
| 154 | 319 | 果肉可溶性磷含量 | Soluble phosphorus content in pulp | C | 2 | | mg/100g | | | 0.2 |
| 155 | 320 | 果肉可溶性铁含量 | Soluble iron content in pulp | C | 2 | | mg/100g | | | 0.3 |
| 156 | 321 | 果皮苯乙醇苷B含量 | Content of phenylethanoid glycoside B in pericarp | C | 2 | | % | | | 0.5 |
| 157 | 322 | 果皮总皂苷含量 | Content of total saponins in pericarp | C | 2 | | % | | | 0.8 |
| 158 | 323 | 果皮齐墩果酸含量 | Oleanolic acid content in pericarp | C | 2 | | % | | | 0.23 |
| 159 | 324 | 果皮总黄酮含量 | Content of total flavonoids in pericarp | C | 2 | | % | | | 1.2 |
| 160 | 325 | 藤条总皂苷含量 | Content of total saponins in rattan | C | 2 | | % | | | 0.41 |
| 161 | 326 | 藤条齐墩果酸含量 | Oleanolic acid content in rattan | C | 2 | | % | | | 0.02 |
| 162 | 327 | 藤条苯乙醇苷B含量 | Content of phenylethanoid glycoside B in rattan | C | 2 | | % | | | 0.52 |

（续）

| 序号 | 代号 | 描述符（字段名） | 字段英文名 | 字段类型 | 字段长度 | 字段小数位 | 单位 | 代码 | 代码英文名 | 例子 |
|---|---|---|---|---|---|---|---|---|---|---|
| 163 | 328 | 藤条总黄酮含量 | Content of total flavonoids in rattan | C | 2 | | % | | | 3.2 |
| 164 | 401 | 耐旱性 | Drought resistance | C | 2 | | | 1:强 2:中 3:弱 | 1:Strong 2:Intermediate 3:Weak | 中 |
| 165 | 402 | 耐涝性 | Waterlogging tolerance | C | 2 | | | 1:强 2:中 3:弱 | 1:Strong 2:Intermediate 3:Weak | 强 |
| 166 | 403 | 耐寒性 | Cold resistance | C | 2 | | | 1:强 2:中 3:弱 | 1:Strong 2:Intermediate 3:Weak | 强 |
| 167 | 404 | 耐盐碱能力 | Resistance to salinization | C | 2 | | | 1:强 2:中 3:弱 | 1:Strong 2:Intermediate 3:Weak | 中 |
| 168 | 405 | 抗晚霜能力 | Resistance to late frost | C | 2 | | | 1:强 2:中 3:弱 | 1:Strong 2:Intermediate 3:Weak | 弱 |
| 169 | 501 | 介壳虫抗性 | Coccidian resistance | C | 4 | | | 1:高抗 3:抗 5:中抗 7:感 9:高感 | 1:High resistant 3:Resistant 5:Moderate resistant 7:Susceptive 9:High susceptive | 抗 |

（续）

| 序号 | 代号 | 描述符（字段名） | 字段英文名 | 字段类型 | 字段长度 | 字段小数位 | 单位 | 代码 | 代码英文名 | 例子 |
|---|---|---|---|---|---|---|---|---|---|---|
| 170 | 502 | 蚜虫抗性 | Aphid resistance | C | 4 | | | 1:高抗<br>3:抗<br>5:中抗<br>7:感<br>9:高感 | 1:High resistant<br>3:Resistant<br>5:Moderate resistant<br>7:Susceptive<br>9:High susceptive | 抗 |
| 171 | 503 | 红蜘蛛抗性 | Red spider resistance | C | 4 | | | 1:高抗<br>3:抗<br>5:中抗<br>7:感<br>9:高感 | 1:High resistant<br>3:Resistant<br>5:Moderate resistant<br>7:Susceptive<br>9:High susceptive | 抗 |
| 172 | 504 | 叶斑病抗性 | Leaf spot resistance | C | 4 | | | 1:高抗<br>3:抗<br>5:中抗<br>7:感<br>9:高感 | 1:High resistant<br>3:Resistant<br>5:Moderate resistant<br>7:Susceptive<br>9:High susceptive | 抗 |
| 173 | 505 | 炭疽病抗性 | Anthrax resistance | C | 4 | | | 1:高抗<br>3:抗<br>5:中抗<br>7:感<br>9:高感 | 1:High resistant<br>3:Resistant<br>5:Moderate resistant<br>7:Susceptive<br>9:High susceptive | 抗 |
| 174 | 506 | 霜霉病抗性 | Downy mildew resistance | C | 4 | | | 1:高抗<br>3:抗<br>5:中抗<br>7:感<br>9:高感 | 1:High resistant<br>3:Resistant<br>5:Moderate resistant<br>7:Susceptive<br>9:High susceptive | 抗 |

（续）

| 序号 | 代号 | 描述符（字段名） | 字段英文名 | 字段类型 | 字段长度 | 字段小数位 | 单位 | 代码 | 代码英文名 | 例子 |
|---|---|---|---|---|---|---|---|---|---|---|
| 175 | 507 | 叶枯病抗性 | Leaf blight resistance | C | 4 | | | 1：高抗<br>3：抗<br>5：中抗<br>7：感<br>9：高感 | 1：High resistant<br>3：Resistant<br>5：Moderate resistant<br>7：Susceptive<br>9：High susceptive | 抗 |
| 176 | 508 | 白粉病抗性 | Powdery mildew resistance | C | 4 | | | 1：高抗<br>3：抗<br>5：中抗<br>7：感<br>9：高感 | 1：High resistant<br>3：Resistant<br>5：Moderate resistant<br>7：Susceptive<br>9：High susceptive | 抗 |
| 177 | 601 | 指纹图谱与分子标记 | Fingerprinting and molecular marker | C | 40 | | | | | |
| 178 | 602 | 备注 | Remarks | C | 30 | | | | | |

# 五 木通种质资源数据质量控制规范

## 1 范围

本规范规定了木通种质资源数据采集过程中的质量控制内容和方法。
本规范适用于木通种质资源的整理、整合和共享。

## 2 规范性引用文件

下列文件中的条款通过本规范的引用而成为本规范的条款。凡是注日期的引用文件，其随后所有的修改单（不包括勘误的内容）或修订版均不适用于本规范，然而，鼓励根据本规范达成协议的各方研究是否可使用这些文件的最新版本。凡是不注日期的引用文件，其最新版本适用于本规范。

ISO 3166　Codes for the Representation of Names of Countries

GB/T 2659　世界各国和地区名称代码

GB/T 2260—2007　中华人民共和国行政区划代码

GB/T 12404　单位隶属关系代码

LY/T 2192—2013　林木种质资源共性描述规范

GB/T 10466—1989　蔬菜、水果形态学和结构学术语（一）

GB/T 4407　经济作物种子

GB/T 14072　林木种质资源保存原则与方法

The Royal Horticultural Society's Colour Chart

GB 10016—88　林木种子贮藏

GB 2772—1999　林木种子检验规程

GB 7908—1999　林木种子质量分级

GB/T 16620—1996　林木育种及种子管理术语

# 3　数据质量控制的基本方法

## 3.1　试验设计

按照木通种质资源的生长发育周期，满足木通种质资源的正常生长及其性状的正常表达，确定好试验设计的时间、地点和内容，保证所需数据的真实性、可靠性。

### 3.1.1　试验地点

试验地点的环境条件应能够满足木通植株的正常生长及其性状的正常表达。

### 3.1.2　田间设计

一般选择 3 年生的成龄植株，每份种质重复 3 次。

形态特征和生物学特性观测试验应设置对照品种，试验地周围应设保护行或保护区。

### 3.1.3　栽培管理

试验地的栽培管理要与大田基本相同，采用相同的水肥管理，及时防治病虫害，保证植株的正常生长。

## 3.2　数据采集

形态特征和生物学特性观测试验原始数据的采集应在植株正常生长的情况下获得。如遇自然灾害等因素严重影响植株正常生长时，应重新进行观测试验和数据采集。

## 3.3　试验数据的统计分析和校验

每份种质的形态特征和生物学特性观测数据，依据对照品种进行校验。根据观测校验值，计算每份种质性状的平均值、变异系数和标准差，并进行方差分析，判断试验结果的稳定性和可靠性。取观测值的平均值作为该种质的性状值。

# 4　基本信息

## 4.1　资源流水号

木通种质资源进入数据库自动生成的编号。

## 4.2　资源编号

木通种质资源的全国统一编号。由 15 位符号组成，即树种代码(5 位)+

保存地代码(6位)+顺序号(4位)。

树种代码：采用树种拉丁名的属名前2位+种名前3位组成，即AKQUI。

保存地代码：是指资源保存地所在县级行政区域的代码，按照GB/T 2260—2007的规定执行；

顺序号：该类资源在保存库中的顺序号。

示例：PITAB(油松树种代码)110108(北京海淀区)0001(保存顺序号)。

### 4.3　种质名称

国内种质的原始名称和国外引进种质的中文译名，如果有多个名称，可放在英文括号内，用英文逗号分隔，如"种质名称1(种质名称2,种质名称3)"；由国外引进的种质如果无中文译名，可直接填写种质的外文名。

### 4.4　种质外文名

国外引进木通种质的外文名，国内种质资源不填写。

### 4.5　科中文名

种质资源在植物分类学上的中文科名，如木通科。

### 4.6　科拉丁名

种质资源在植物分类学上的科的拉丁名，用正体，如 Lardizabalaceae。

### 4.7　属中文名

种质资源在植物分类学上的中文属名，如"木通属"。

### 4.8　属拉丁名

种质资源在植物分类学上的属的拉丁名，用斜体，如 *Akebia*。

### 4.9　种名或亚种名

种质资源在植物分类学上的中文种名或亚种名，如木通。

### 4.10　种拉丁名

种质资源在植物分类学上的拉丁名，用斜体，如 *Akebia quinata*(Houtt.)。

### 4.11　原产地

国内木通种质的原产县、乡、村名称。县名参照 GB/T 2260—2007 规范填写。

### 4.12　省(自治区、直辖市)

国内木通种质原产省(自治区、直辖市)的名称，依照 GB/T 2260—2007 规范填写；国外引进的木通种质填写原产国一级行政区的名称。

### 4.13　原产国家

木通种质原产国的名称、地区名称或国际组织名称。国家和地区名称参照 ISO 3166 和 GB/T 2659 的规范填写，如该国家已不存在，应在原国家名称前加"原"字，如"原苏联"。

## 4.14　来源地

国内木通种质的来源省(自治区、直辖市)、县名称,国外引进种质的来源国家、地区名称或国际组织名称。国家、地区和国际组织名称同 4.10,省和县名称参照 GB/T 2260—2007。

## 4.15　资源归类编码

采用国家自然科技资源共享平台编制的《自然科技资源共性描述规范》,依据其中"植物种质资源分级归类与编码表"中林木部分进行编码(11 位)。木通的归类编码是 11132117000(药用原料类)。

## 4.16　资源类型

保存的木通种质类型。

  1　野生资源(群体、种源)

  2　野生资源(家系)

  3　野生资源(个体、基因型)

  4　地方品种

  5　选育品种

  6　遗传材料

  7　其他

## 4.17　主要特性

木通种质资源的主要特性。

  1　高产

  2　优质

  3　抗病

  4　抗虫

  5　抗逆

  6　高效

  7　其他

## 4.18　主要用途

木通种质资源的主要用途。

  1　材用

  2　食用

  3　药用

  4　防护

  5　观赏

  6　其他

### 4.19 气候带

木通种质资源原产地所属气候带。

    1   热带

    2   亚热带

    3   温带

    4   寒温带

    5   寒带

### 4.20 生长习性

木通种质资源的生长习性。描述林木在长期自然选择中表现的生长、适应或喜好，如常绿灌木、直立生长、喜光、耐盐碱、喜水肥、耐干旱等。

### 4.21 开花结实特性

木通种质资源的开花和结实周期，如始花期、始果期、结果大小年周期、花期等。

### 4.22 特征特性

木通种质资源可识别或独特性的形态、特性，如果实腹缝开裂。

### 4.23 具体用途

木通种质资源具有的特殊价值和用途，如药用木通、材用木通、藤茎可入药等。

### 4.24 观测地点

木通种质形态特征和生物学特性观测地点的名称。

### 4.25 繁殖方式

木通种质资源的繁殖方式，包括有性繁殖、无性繁殖等。

    1   有性繁殖(种子繁殖)

    2   有性繁殖(胎生繁殖)

    3   无性繁殖(扦插繁殖)

    4   无性繁殖(嫁接繁殖)

    5   无性繁殖(根繁)

    6   无性繁殖(分蘖繁殖)

    7   无性繁殖(组织培养/体细胞培养)

### 4.26 选育(采集)单位

选育木通品种(系)的单位名称或个人/野生资源的采集单位或个人。

### 4.27 育成年份

木通品种(系)培育成功的年份。例如"1980""2002"等。

### 4.28 海拔

木通种质原产地的海拔高度，单位为 m。

## 4.29 经度

木通种质资源原产地的经度，格式为 DDDFFSS，其中 D 为度，F 为分，S 为秒。东经以正数表示，西经以负数表示。

## 4.30 纬度

木通种质资源原产地的纬度，格式为 DDFFSS，其中 D 为度，F 为分，S 为秒。北纬以正数表示，南纬以负数表示。

## 4.31 土壤类型

木通种质资源原产地的土壤条件，包括土壤质地、土壤名称、土壤酸碱度或性质等。

## 4.32 生态环境

木通种质资源原产地的自然生态系统类型。

## 4.33 年均温度

木通种质资源原产地的年平均温度，通常用当地最近气象台近 30~50 年的年均温度，单位为℃。

## 4.34 年均降水量

木通种质资源原产地的年均降水量，通常用当地最近气象台近 30~50 年的年均降水量，单位为 mm。

## 4.35 图像

木通种质的图像文件名，图像格式为 .jpg。图像文件名由统一编号加半连号"-"加序号加".jpg"组成。如有两个以上图像文件，图像文件名用英文分号分隔。图像主要包括植株、花、果实以及能够表现种质资源特异性的图片。图像清晰，图片文件大小 1Mb 以上。

## 4.36 记录地址

提供木通种质资源详细信息的网址或数据库记录链接。

## 4.37 保存单位

木通种质提交国家种质圃前的原保存单位名称，单位名称应写全称。

## 4.38 保存单位编号

木通种质在原保存单位时赋予的种质编号。保存单位编号在同一保存单位应具有唯一性。

## 4.39 库编号

木通种质资源在种质资源库或圃中的编号。

## 4.40 引种号

木通种质资源从国外引入的编号。

## 4.41 采集号

在野外采集木通种质时的编号。

## 4.42 保存时间

木通种质资源被收藏单位收藏或保存的时间，以"年月日"表示，格式为
"YYYYMMDD"。

## 4.43 保存材料类型

保存的木通种质材料的类型。

1 植株

2 种子

3 营养器官(穗条、块根、根穗、根鞭等)

4 花粉

5 培养物(组培材料)

6 其他

## 4.44 保存方式

木通种质资源保存的方式。

1 原地保存

2 异地保存

3 设施(低温库)保存

## 4.45 实物状态

木通种质资源实物的状态。

1 良好

2 中等

3 较差

4 缺失

## 4.46 共享方式

木通种质资源实物的共享方式。

1 公益性

2 公益借用

3 合作研究

4 知识产权交易

5 资源纯交易

6 资源租赁

7 资源交换

8 收藏地共享

9 行政许可

10 不共享

## 4.47 获取途径

获取木通种质资源实物的途径。

    1　邮递

    2　现场获取

    3　网上订购

    4　其他

## 4.48 联系方式

获取木通种质资源的联系方式。包括联系人、单位、邮编、电话、E-mail 等。

## 4.49 源数据主键

链接林木种质资源特性树或详细信息的主键值。

## 4.50 关联项目

木通种质资源收集、选育或整合的依托项目及编号，可写多个项目，用分号隔开。

# 5 形态特征和生物学特性

## 5.1 生活型

采用目测法，观察木通植株对综合生境条件长期适应而在形态上表现出的生长类型。

    1　常绿

    2　半落叶

    3　落叶

## 5.2 植株性别

采用目测法，观察同株木通植株上是雄花还是雌花或两者兼有。

    1　雌雄同株

    2　雌株

    3　雄株

## 5.3 生长势

选取 3 株生长正常的木通植株，采用目测的方法，观察树体的高度，树干的粗度及其枝条的长度和粗度，综合判定其生长势。

    1　弱

    2　中

    3　强

### 5.4　藤茎

选取 30 株木通成龄植株，采用游标卡尺测量藤茎的直径，求其平均值，单位为 cm，精确到 0.1 cm。

### 5.5　主茎颜色

以木通成龄植株主茎为观测对象，共观测 30 个主茎，在一致的光照条件下，采用目测法观察向阳面主茎的颜色。

根据观察结果，与 The Royal Horticultural Society's Colour Chart 标准色卡上相应代码的颜色进行比对，按照最大相似原则，确定主茎颜色。

　　　1　紫褐

　　　2　灰褐

### 5.6　一年生枝颜色

以木通一年生枝为观测对象，共观测 30 个枝条，在一致的光照条件下，采用目测法观察向阳面枝条的颜色。

根据观察结果，与 The Royal Horticultural Society's Colour Chart 标准色卡上相应代码的颜色进行比对，按照最大相似原则，确定一年生枝颜色。

　　　1　橙

　　　2　褐

　　　3　灰褐

　　　4　灰

### 5.7　一年生枝节间长

以木通成龄树一年生枝为观测对象，共观测 10 个枝条，采用游标卡尺测量其节间长度，求其平均值。单位为 cm，精确到 0.1 cm。

### 5.8　一年生枝节数

选取木通成龄植株，采用目测的方法，观察一年生枝条节的数量。

　　　1　少（<5）

　　　2　中（5~15）

　　　3　多（>15）

### 5.9　一年生枝粗

以木通成龄树植株一年生枝为观测对象，共观测 10 个枝条，采用游标卡尺测量其横径长度，测量时量取最宽处直径，求其平均值。单位为 mm，精确到 0.1 mm。

### 5.10　茎藤横截面纹理

选取 30 条木通成龄植株茎藤，截成 2~3 mm 长的小段，用显微镜观察横截面导管及髓射线的清晰度。

1  不清晰

2  比较清晰

3  清晰

## 5.11  茎藤色泽

以木通成龄植株茎藤为观测对象，共观测 30 条茎藤，在一致的光照条件下，采用目测法观察茎藤表面的色泽。

根据观察结果，与 The Royal Horticultural Society's Colour Chart 标准色卡上相应代码的颜色进行比对，按照最大相似原则，确定茎藤色泽。

1  绿白

2  灰白

3  灰褐

4  灰棕

5  深棕

## 5.12  茎藤容重

选取 30 条木通成龄植株茎藤，采用米尺、游标卡尺、电子天平分别测量茎藤长度、粗度及其重量，单位 g/cm$^3$。

茎藤容重=茎藤重量/[（茎藤半径）$^2$×3.1416×茎段长度]

## 5.13  根系

选取 10 株木通成龄植株，采用目测的方法，观察植株根系的发达程度。

1  不发达(根系稀少且弱)

2  较发达(根系多但不粗壮)

3  发达(根系多且粗壮)

## 5.14  顶芽大小

采用目测法，选取木通植株顶芽，观察植株顶芽的平均大小。

1  小(顶芽不明显，或者明显细小)

2  中(顶芽明显，中等大小)

3  大(顶芽突出，明显偏大)

## 5.15  顶芽颜色

以木通成龄植株顶芽为观测对象，共观测 30 个顶芽，在一致的光照条件下，采用目测法观察顶芽的颜色。

根据观察结果，与 The Royal Horticultural Society's Colour Chart 标准色卡上相应代码的颜色进行比对，按照最大相似原则，确定顶芽颜色。

1  黄绿

2  橙

3　褐

4　灰褐

## 5.16　叶柄长

以木通成龄植株外围正常长枝基部向上第 3~5 个叶片为观测对象，共观测 30 个叶片，采用游标卡尺测量其叶柄长度，求其平均值。单位为 cm，精确到 0.1 cm。

## 5.17　是否复叶

采用目测的方法，观察木通成龄植株叶片是否由多数小叶组成。

1　否

2　是

## 5.18　新叶主色

以木通成龄植株外围正常长枝上新生叶片为观测对象，共观测 30 个叶片，在一致的光照条件下，采用目测法观察新叶片的颜色。

根据观察结果，与 The Royal Horticultural Society's Colour Chart 标准色卡上相应代码的颜色进行比对，按照最大相似原则，确定新叶主色。

1　浅绿

2　绿

3　黄绿

4　浅黄

5　中黄

6　紫红

## 5.19　成熟叶主色

以木通成龄植株外围正常长枝上成熟叶片为观测对象，共观测 30 个叶片，在一致的光照条件下，采用目测法观察成熟叶片的颜色。

根据观察结果，与 The Royal Horticultural Society's Colour Chart 标准色卡上相应代码的颜色进行比对，按照最大相似原则，确定成熟叶主色。

1　浅绿

2　绿

3　深绿

4　黄绿

5　紫红

## 5.20　小叶数量

采用目测法，观察木通植株小叶的数量。

1　3

　　　　2　5

　　　　3　其他

## 5.21　小叶质地

　　采用目测法和触摸法，选取 30 片木通植株小叶，观测木通小叶叶片的质地。

　　　　1　纸质

　　　　2　革质

　　　　3　半革质

## 5.22　小叶形状

　　以木通成龄植株外围正常长枝基部向上第 3~5 个叶片为观测对象，采用目测法观察完整叶片的形状。

　　根据观察结果和参照叶形模式图，确定种质小叶的叶形。

　　　　1　长卵圆形

　　　　2　矩圆形

　　　　3　椭圆形

　　　　4　卵形

## 5.23　小叶是否全缘

　　以木通成龄植株外围正常长枝基部向上第 3~5 个叶片为观测对象，采用目测法观察正常叶片的叶缘是否为全缘。

　　　　1　否

　　　　2　是

## 5.24　小叶锯齿形态

　　以木通成龄植株外围正常长枝基部向上第 3~5 个叶片为观测对象，采用目测法观察正常叶片的叶缘锯齿形状。

　　　　1　波状锯齿

　　　　2　缺刻

## 5.25　小叶顶端形状

　　以木通成龄植株外围正常长枝基部向上第 3~5 个叶片为观测对象，采用目测法观察木通叶片远离茎杆一端的形态特征，对照叶尖形状模式图确定小叶顶端形状。

　　　　1　急尖

　　　　2　渐尖

　　　　3　圆钝

　　　　4　微凹

### 5.26 小叶基部形状

以木通成龄植株外围正常长枝基部向上第 3~5 个叶片为观测对象，采用目测法观察木通叶片靠近茎杆一端的形态特征，对照叶基形状模式图确定小叶基部形状。

    1   楔形

    2   圆形

    3   截形

    4   心形

### 5.27 顶小叶长

以木通成龄植株复叶顶端叶片为观测对象，共观测 30 个叶片，采用游标卡尺测量叶面纵向最大长度，求其平均值。单位为 cm，精确到 0.1 cm。

### 5.28 顶小叶宽

以木通成龄植株复叶顶端叶片为观测对象，共观测 30 个叶片，采用游标卡尺测量叶面横向最大处宽度，求其平均值。单位为 cm，精确到 0.1 cm。

### 5.29 花序类型

盛花期采集花药刚裂开时的花序，采用目测的方法，观察木通花在花序梗上的排列情况，对照花序模式图确定花序类型。

    1   伞房状花序

    2   总状花序

### 5.30 花柄长

以木通成龄植株的花朵为观测对象，共观测 30 朵花，采用游标卡尺测量其花柄长度，求其平均值。单位为 cm，精确到 0.1 cm。

### 5.31 花序长

木通盛花期采集花药刚裂开时的花序，测量花序总梗基部到花序顶端的长度，单位为 cm，精确到 0.1 cm。

### 5.32 单花序雄花朵数

采用目测法，观测木通植株雄花的花朵数量的多少。

    1   少(明显少于雌花数量)

    2   中(雌雄花数量接近)

    3   多(明显多于雌花数量)

### 5.33 雄花花梗长

以木通成龄植株的雄花为观测对象，共观测 30 朵雄花，采用游标卡尺测量其花梗长度，求其平均值。单位为 cm，精确到 0.1 cm。

### 5.34 雄花萼片数

采用目测法，观测木通植株雄花的萼片数量。

 1  3

 2  6

 3  其他

## 5.35 雄花萼片形状

以木通成龄植株雄花的萼片为观测对象，采用目测法观察雄花完整萼片的形状。

 1  阔卵形

 2  长卵形

## 5.36 雄花萼片颜色

以木通成龄植株雄花的萼片为观测对象，共观测 30 个雄花萼片，在一致的光照条件下，采用目测法观察雄花萼片的颜色。

根据观察结果，与 The Royal Horticultural Society's Colour Chart 标准色卡上相应代码的颜色进行比对，按照最大相似原则，确定雄花萼片颜色。

 1  白

 2  浅红

 3  浅紫

 4  深紫

 5  其他

## 5.37 雄花萼片长

以木通成龄植株雄花萼片为观测对象，共观测 100 个萼片，采用游标卡尺测量萼片表面纵向最大长度，求其平均值。单位为 cm，精确到 0.1 cm。

## 5.38 雌花数

采用目测法，观测木通植株雌花的花朵数量的多少。

 1  少（<3 朵，或明显少于雄花数量）

 2  中（3~6 朵，或与雄花数量接近）

 3  多（>6 朵，或明显多于雄花数量）

## 5.39 雌花花梗长

以木通成龄植株的雌花为观测对象，共观测 30 朵雌花，采用游标卡尺测量其花梗长度，求其平均值。单位为 cm，精确到 0.1 cm。

## 5.40 雌花萼片数

采用目测法，观测木通植株雌花的萼片数量。

 1  3

 2  6

 3  其他

### 5.41 雌花萼片形状

以木通成龄植株雌花的萼片为观测对象，采用目测法观察雌花完整萼片的形状。

    1   线形

    2   阔卵形

    3   长圆形

    4   近圆形

### 5.42 雌花萼片颜色

以木通成龄植株雌花的萼片为观测对象，共观测 30 个雌花萼片，在一致的光照条件下，采用目测法观察雌花萼片的颜色。

根据观察结果，与 The Royal Horticultural Society's Colour Chart 标准色卡上相应代码的颜色进行比对，按照最大相似原则，确定雌花萼片颜色。

    1   白

    2   浅绿

    3   浅黄

    4   紫红

    5   其他

### 5.43 雌花萼片长

以木通成龄植株雌花萼片为观测对象，共观测 100 个萼片，采用游标卡尺测量萼片表面纵向最大长度，求其平均值。单位为 cm，精确到 0.1 cm。

### 5.44 雌花心皮数

采用目测法，观测木通植株雌花的心皮数量的多少。

    1   少 (<4 个)

    2   中 (4~9 个)

    3   多 (>10 个)

### 5.45 花香味

于开花期利用嗅觉闻木通植株的花朵是否有香味。

    1   无

    2   有

### 5.46 果柄附着力

于木通果实成熟期，随机选择 30 个果实，采用 HP-30 数显式推拉力计，按其自然生长方向固定花梗，确保拉力计受力方向与果柄方向保持平行，记录果柄与花梗分离瞬间的最大拉力值，单位为 N，求其平均值，确定果柄附着力大小。

1　弱(轻轻给力拉容易掉落)

2　中(轻轻给力拉不易掉落)

3　强(不掉落)

### 5.47　果实成熟时开裂

于木通果实成熟时期,采用目测的方法,观察果实表面是否沿腹缝线开裂。

1　否

2　是

### 5.48　果实形状

选择木通成龄植株外围生长正常的果实,用目测法观察果实形状。

根据观察结果和参照果实形状模式图,确定种质果实的形状。

1　椭球形

2　宽椭球形

3　近球形

4　不对称椭球形

5　长椭球形

6　肾形

7　镰刀形

8　柱形

### 5.49　单株果实数量

随机选择 3 株生长正常的木通成龄植株,单株采收,采取目测的方法观测单株果实平均个数,确定果实的数量,单位为个。

### 5.50　果实纵径

以木通成龄植株外围正常生长的果实为观测对象,共观测 30 个果实,采用游标卡尺测量其纵径长度,测量时从基部量至顶端,并求其平均值。单位为 cm,精确到 0.1 cm。

### 5.51　果实横径

以木通成龄植株外围正常生长的果实为观测对象,共观测 30 个果实,采用游标卡尺测量其横径长度,测量时量取最宽处直径,求其平均值。单位为 cm,精确到 0.1 cm。

### 5.52　果实横纵径比

木通成龄植株外围正常生长的果实横径与纵径的比值。

### 5.53　果实横截面形状

以木通成龄植株外围正常生长的果实为观测对象,共观测 10 个果实,将果实沿着赤道部横切后，用目测的方法，观察蒂端横切面形状。

  1 圆形

  2 椭圆形

  3 长椭圆形

## 5.54 果实外皮成熟主色

  以木通成龄植株外围正常生长的果实为观测对象，共观测 30 个果实，在一致的光照条件下，采用目测法观察果实外皮成熟时的主要颜色。

  根据观察结果，与 The Royal Horticultural Society's Colour Chart 标准色卡上相应代码的颜色进行比对，按照最大相似原则，确定果实外皮成熟主色。

  1 白

  2 浅绿

  3 绿

  4 黄

  5 橙

  6 粉

  7 红

  8 紫

  9 蓝

  10 褐

## 5.55 果实内皮颜色

  以木通成龄植株外围正常生长的果实为观测对象，剥开果实外皮，共观测 30 个果实，在一致的光照条件下，采用目测法观察果实内皮颜色。

  根据观察结果，与 The Royal Horticultural Society's Colour Chart 标准色卡上相应代码的颜色进行比对，按照最大相似原则，确定果实内皮颜色。

  1 白

  2 浅黄

  3 浅红

  4 浅紫

  5 浅蓝

## 5.56 果实味道

  于木通结果期，品尝成熟果实果肉的味道。

  1 甜味

  2 无味

  3 其他

## 5.57 果肉甜度

以木通成龄植株外围正常生长的果实为观测对象，剥开果皮保留果肉，利用甜度计测量果肉甜度。

    1   弱甜(≤0.16)

    2   中甜(0.16~0.25)

    3   高甜(>0.25)

## 5.58 果柄长

以木通成龄植株外围正常生长的果实为观测对象，共观测30个果实，采用游标卡尺测量其果柄长度，求其平均值。单位为cm，精确到0.1 cm。

## 5.59 果皮剥离容易度

以木通成龄植株外围正常生长的果实为观测对象，共观测30个果实，利用拉力仪测定果皮拉力，测定果皮和果肉分离前所承受的最大拉力，单位为N，求平均值，以此代表果皮剥离容易度。

    1   易(沿腹缝线分开后，果肉完全与果皮分离)

    2   中(沿腹缝线分开后，少量果肉未与果皮分离)

    3   难(沿腹缝线分开后，果肉与果皮粘连一起)

## 5.60 果皮厚

以木通成龄植株外围正常生长的果实为观测对象，共观测30个果实，采用游标卡尺测量其果皮的厚度，测量时选取果皮最厚处，求其平均值。单位为mm，精确到0.1 mm。

## 5.61 平均单果质量

采收同一植株上完全成熟木通果实，称重求平均值，得到单个果实的平均重量。单位g，精确到0.1 g。

## 5.62 最大单果质量

以木通成龄植株外围正常生长的果实为观测对象，共观测30个果实，采用电子天平测量单个果实的重量，求其平均值。单位g，精确到0.1 g。

## 5.63 单果果肉质量

采收成熟的木通果实30个，分离果实的果肉、果皮、种子，用电子天平测量单果果肉的质量，求其平均值，单位g，精确到0.1 g。

## 5.64 单果果皮质量

以木通成龄植株外围正常生长的果实为观测对象，共观测30个果实，分离果皮和果肉，采用电子天平测量单个果实果皮的重量，求其平均值。单位g，精确到0.1 g。

## 5.65 每千克鲜果数

随机数出3个1 kg鲜果，分别计算果实数量，求其平均值，单位为个。

### 5.66　果皮百分率

以木通成龄植株外围正常生长的果实为观测对象，共观测 30 个果实，分离果皮和果肉，采用电子天平测量单个果实果皮的重量和整个果实的重量，用果皮重量占该果重的百分比表示，单位为%。

### 5.67　果肉百分率

以木通成龄植株外围正常生长的果实为观测对象，共观测 30 个果实，分离果皮和果肉，采用电子天平测量单个果实果肉的重量和整个果实的重量，用果肉重量占该果重的百分比表示，单位为%。

### 5.68　坐果率

于果实采收期观测，自然状态下，木通植株实际结果数量占开花总数的百分比，单位为%。

### 5.69　"大小年"现象

采用目测的方法，观察木通植株是否明显存在一年多产、一年少产的现象。

  1　不明显

  2　明显

### 5.70　果实后熟难易程度

以木通成龄植株上采收的果实为观测对象，随机选取 30 个果实，观察果实离开植株后的成熟容易程度。

  1　易(7 成熟采摘后，经过一段时间贮存，果实能完全成熟且风味不减)

  2　中(8 成熟采摘后，经过一段时间贮存，果实完全成熟且风味不减)

  3　难(8 成熟采摘后，经过一段时间贮存，果实不能完全成熟且风味不再)

### 5.71　果实耐贮性

以木通成龄植株上采收的成熟果实为观测对象，随机选取 30 个果实，观察果实在正常环境条件下，在未变质前能够贮存的天数，确定果实的耐贮性。

  1　弱(室温条件下可完好贮藏 3 天以内，4℃ 低温可完好贮藏 1 个月以内)

  2　中(室温条件下可完好贮藏 3~7 天以上，4℃ 低温可完好贮藏 1~2 个月)

  3　强(室温条件下可完好贮藏 7 天以上，4℃ 低温可完好贮藏 2 个月以上)

### 5.72　种子形状

在木通成熟期采收正常成熟的果实，脱除果皮果肉，取出种子，清洗干净，在阴凉通风处晾干。然后用目测法观察种子的形状。

　　1　椭圆形

　　2　心形

　　3　圆形

### 5.73　种子表皮颜色

随机取 30 个完全成熟的木通种子，用目测法观察种子表皮的颜色。

根据观察结果，与 The Royal Horticultural Society's Colour Chart 标准色卡上相应代码的颜色进行比对，按照最大相似原则，确定种子表皮颜色。

　　1　褐

　　2　红褐

　　3　黑

### 5.74　种子大小

随机取 30 个完全成熟的木通种子，用游标卡尺测量种子的长度，测量时从基部量至顶端，并求其平均值。单位为 cm，精确到 0.1 cm，确定种子的大小。

　　1　大(>0.6 cm)

　　2　中(0.3~0.6 cm)

　　3　小(≤0.3 cm)

### 5.75　单果种子百分率

以木通成龄植株外围正常生长的果实为观测对象，共观测 30 个果实，分离果实种子，采用电子天平测量单个果实种子的重量和整个果实的重量，用每果种子重量占该果重的百分比表示，单位为%。

### 5.76　单果种子质量

以木通成龄植株外围正常生长的果实为观测对象，共观测 30 个果实，分离果实种子，采用电子天平测量单个果实种子的重量，单位为 g，精确到0.1 g。

### 5.77　单果种子数量

以木通成龄植株外围正常生长的果实为观测对象，共观测 30 个果实，分离果实种子，用目测的方法观察单个果实种子的数量，求其平均值，确定单果种子数量。

　　1　无或极少

　　2　少

3 中

4 多

5 很多

### 5.78 发芽率

随机抽样选取 100 粒木通种子进行发芽试验，发芽终期在规定日期内的全部正常发芽种子数占测试种子总数的百分比，单位为%。

### 5.79 千粒重

随机数出 3 个 1 000 粒木通种子，分别称重，求其平均值，单位为 g，精确到 0.1 g。

### 5.80 萌芽期

于早春采取目测的方法，观察并记录木通植株外围短枝顶芽有 5%的顶芽萌动并开始露出幼叶的日期，以"某月某日"表示。

### 5.81 花芽形成期

于萌芽期后采取目测的方法，观察并记录木通植株产生花或花序的原基，即花芽形成的日期，以"某月某日"表示。

### 5.82 花期

于开花期采取目测的方法，观察并记录花序分离后，木通植株上第一朵花开放的日期，以"某月某日"表示。

### 5.83 果期

于结果期采取目测的方法，观察并记录木通植株上长出第一果实的日期，以"某月某日"表示。

### 5.84 果熟期

于结果期采取目测的方法，观察并记录木通全株有 50%~80%的果实具有成熟特征，果实大小已长定而逐步出现应有颜色的物候期，以"某月某日"表示。

### 5.85 落叶期

在落叶期，采用目测法，观察整个木通植株，全株 25%的叶片自然脱落的日期，以"某月某日"表示。

# 6 品质特性

## 6.1 种子含油率

采收成熟的木通果实 30 个，分离果实的种子，充分洗净，经风干后用核磁共振含油率测量仪测定其含油率，单位为%。

## 6.2 种子棕榈酸含量

采收成熟的木通果实 30 个，分离果实的种子，充分洗净，经风干后用气相色谱仪测定其棕榈酸的含量，单位为%。

## 6.3 种子亚油酸含量

采收成熟的木通果实 30 个，分离果实的种子，充分洗净，经风干后用气相色谱仪测定其亚油酸的含量，单位为%。

## 6.4 种子油酸含量

采收成熟的木通果实 30 个，分离果实的种子，充分洗净，经风干后用气相色谱仪测定其油酸的含量，单位为%。

## 6.5 种子硬脂酸含量

采收成熟的木通果实 30 个，分离果实的种子，充分洗净，经风干后用气相色谱仪测定其硬脂酸的含量，单位为%。

## 6.6 种子饱和脂肪酸含量

采收成熟的木通果实 30 个，分离果实的种子，充分洗净，经风干后用气相色谱仪测定其饱和脂肪酸的含量，单位为%。

## 6.7 种子不饱和脂肪酸含量

采收成熟的木通果实 30 个，分离果实的种子，充分洗净，经风干后用气相色谱仪测定其不饱和脂肪酸的含量，单位为%。

## 6.8 果肉维生素 C 含量

采收成熟的木通果实 30 个，果实去皮后用尼龙纱网袋滤去种子，剩余果肉作为测定营养成分的样品，用高效液相色谱仪测定其维生素 C 的含量，单位为 mg/100g。

## 6.9 果肉总酸含量

采收成熟的木通果实 30 个，果实去皮后用尼龙纱网袋滤去种子，剩余果肉作为测定营养成分的样品，参考 GB/T 12456—2008 用电位滴定法测定其果肉总酸的含量，单位为 g/100g。

## 6.10 果肉总糖含量

采收成熟的木通果实 30 个，果实去皮后用尼龙纱网袋滤去种子，剩余果肉作为测定营养成分的样品，用紫外—可见分光光度计测定其果肉总糖的含量，单位为 g/100g。

### 6.11 果肉还原糖含量

采收成熟的木通果实 30 个，果实去皮后用尼龙纱网袋滤去种子，剩余果肉作为测定营养成分的样品，用紫外—可见分光光度计测定其果肉还原糖的含量，单位为 mg/100g。

### 6.12 果肉蛋白质含量

采收成熟的木通果实 30 个，果实去皮后用尼龙纱网袋滤去种子，剩余果肉作为测定营养成分的样品，用高锰酸钾滴定法，用滴定仪全自动凯氏定氮仪测定其蛋白质的含量，单位为 g/100g。

### 6.13 果肉氨基酸含量

采收成熟的木通果实 30 个，果实去皮后用尼龙纱网袋滤去种子，剩余果肉作为测定营养成分的样品，用高效液相色谱仪测定其果肉氨基酸的含量，单位为 mg/100g。

### 6.14 果肉脂肪含量

采收成熟的木通果实 30 个，果实去皮后用尼龙纱网袋滤去种子，剩余果肉作为测定营养成分的样品，参考 GB 5009.6—2016 用索氏抽提法测定其果肉脂肪的含量，单位为 g/100g。

### 6.15 果肉淀粉含量

采收成熟的木通果实 30 个，果实去皮后用尼龙纱网袋滤去种子，剩余果肉作为测定营养成分的样品，用紫外—可见分光光度计测定其淀粉的含量，单位为 g/100g。

### 6.16 果肉可溶性固形物含量

采收成熟的木通果实 30 个，果实去皮后用尼龙纱网袋滤去种子，剩余果肉作为测定营养成分的样品，用折光仪法测定其果肉可溶性固形物的含量，单位为%。

### 6.17 果肉可溶性糖含量

采收成熟的木通果实 30 个，果实去皮后用尼龙纱网袋滤去种子，剩余果肉作为测定营养成分的样品，用蒽酮法测定其果肉可溶性糖的含量，单位为 mg/100g。

### 6.18 果肉可溶性钙含量

采收成熟的木通果实 30 个，果实去皮后用尼龙纱网袋滤去种子，剩余果肉作为测定营养成分的样品，用原子吸收分光光度计测定其果肉可溶性钙的含量，单位为 mg/100g。

## 6.19 果肉可溶性磷含量

采收成熟的木通果实 30 个，果实去皮后用尼龙纱网袋滤去种子，剩余果肉作为测定营养成分的样品，用钼蓝比色法测定其果肉可溶性磷的含量，单位为 mg/100g。

## 6.20 果肉可溶性铁含量

采收成熟的木通果实 30 个，果实去皮后用尼龙纱网袋滤去种子，剩余果肉作为测定营养成分的样品，用原子吸收光谱法测定其可溶性铁的含量，单位为 mg/100g。

## 6.21 果皮苯乙醇苷 B 含量

采收成熟的木通果实 30 个，把果实果皮分离出来放于室内风干，打碎成粉后作为测定药用成分的样品，用高效液相色谱仪测定其苯乙醇苷 B 的含量，单位为%。

## 6.22 果皮总皂苷含量

采收成熟的木通果实 30 个，把果实果皮分离出来放于室内风干，打碎成粉后作为测定药用成分的样品，用比色法测定其总皂苷含量，单位为%。

## 6.23 果皮齐墩果酸含量

采收成熟的木通果实 30 个，把果实果皮分离出来放于室内风干，打碎成粉后作为测定药用成分的样品，用高效液相色谱仪测定其齐墩果酸的含量，单位为%。

## 6.24 果皮总黄酮含量

采收成熟的木通果实 30 个，把果实果皮分离出来放于室内风干，打碎成粉后作为测定药用成分的样品，用比色法测定其总黄酮含量，单位为%。

## 6.25 藤条总皂苷含量

于木通果实成熟后，采集整株藤条，捆好做好标签后，放于室内风干，打碎成粉后作为测定药用成分的样品，用比色法测定其总皂苷含量，单位为%。

## 6.26 藤条齐墩果酸含量

于木通果实成熟后，采集整株藤条，捆好做好标签后，放于室内风干，打碎成粉后作为测定药用成分的样品，用高效液相色谱仪测定其齐墩果酸的含量，单位为%。

## 6.27 藤条苯乙醇苷 B 含量

于木通果实成熟后，采集整株藤条，捆好做好标签后，放于室内风干，打碎成粉后作为测定药用成分的样品，用高效液相色谱仪测定其苯乙醇苷 B 的含量，单位为%。

### 6.28 藤条总黄酮含量

于木通果实成熟后，采集整株藤条，捆好做好标签后，放于室内风干，打碎成粉后作为测定药用成分的样品，用比色法测定其总黄酮含量，单位为%。

## 7 抗逆性

### 7.1 耐旱性

耐旱性鉴定采用断水法(参考方法)。

取30株一年生实生苗，无性系种质间的抗旱性比较试验要用同一类型砧木的嫁接苗。将小苗栽植于容器中，同时耐旱性强、中、弱各设对照。待幼苗长至30 cm左右时，人为断水，待耐旱性强的对照品种出现中午萎蔫、早晚舒展时，恢复正常管理。并对试材进行受害程度调查，确定每株试材的受害级别，根据受害级别计算受害指数，再根据受害指数的大小评价木通种质的抗旱能力。根据旱害症状将旱害级别分为6级。

| 级别 | 旱害症状 |
|------|----------|
| 0级 | 无旱害症状 |
| 1级 | 叶片萎蔫<25% |
| 2级 | 25%≤叶片萎蔫<50% |
| 3级 | 50%≤叶片萎蔫<75% |
| 4级 | 叶片萎蔫≥75%，部分叶片脱落 |
| 5级 | 植株叶片全部脱落 |

根据旱害级别计算旱害指数，计算公式为：

$$DI = \frac{\sum (x \cdot n)}{X \cdot N} \times 100$$

式中：$DI$——旱害指数

$x$——旱害级数

$n$——受害株数

$X$——最高旱害级数

$N$——受旱害的总株数

根据旱害指数及下列标准确定种质的抗旱能力。

    1  强(旱害指数<35.0)

    2  中(35.0≤旱害指数<65.0)

3　弱(旱害指数≥65.0)

## 7.2　耐涝性

　　耐涝性鉴定采用水淹法(参考方法)。

　　春季将层积好的供试种子播种在容器内，每份种质播 30 粒，播后进行正常管理；测定无性系种质的耐涝性，要采用同一类型砧木的嫁接苗。耐涝性强、中、弱的种质各设对照。待幼苗长至 30 cm 左右时，往容器内灌水，使试材始终保持水淹状态。待耐涝性中等的对照品种出现涝害时，恢复正常管理。对试材进行受害程度调查，分别记录某种质每株试材的受害级别，根据受害级别计算受害指数，再根据受害指数大小评价各种质的耐涝能力。根据涝害症状将涝害分为 6 级。

| 级别 | 涝害症状 |
| --- | --- |
| 0 级 | 无涝害症状，与对照无明显差异 |
| 1 级 | 叶片受害<25%，少数叶片的叶缘出现棕色 |
| 2 级 | 25%≤叶片受害<50%，多数叶片的叶缘出现棕色 |
| 3 级 | 50%≤叶片受害<75%，叶片出现萎蔫或枯死<30% |
| 4 级 | 叶片受害≥75%，30%≤枯死叶片<50% |
| 5 级 | 全部叶片受害，枯死叶片≥50% |

　　根据涝害级别计算涝害指数，计算公式为：

$$WI = \frac{\sum (x \cdot n)}{X \cdot N} \times 100$$

　　式中：$WI$——涝害指数

　　　　　$x$——涝害级数

　　　　　$n$——各级涝害株数

　　　　　$X$——最高涝害级数

　　　　　$N$——总株数

　　根据涝害指数及下列标准，确定种质的耐涝程度。

　　1　强(涝害指数<35.0)

　　2　中(35.0≤涝害指数<65.0)

　　3　弱(涝害指数≥65.0)

## 7.3　耐寒性

　　耐寒性鉴定采用人工冷冻法(参考方法)。

　　在深休眠的 1 月份，从木通种质成龄结果树上剪取中庸的结果母枝 30 条，剪口蜡封后置于-25℃冰箱中处理 24 h，然后取出，将枝条横切，对切口进行受害程度调查，记录枝条的受害级别。根据受害级别计算木通种质的受害指数，再根据受害指数大小评价木通种质的抗寒能力。抗寒级别根据寒害症状分为6级。

| 级别 | 寒害症状 |
|------|----------|
| 0 级 | 无冻害症状，与对照无明显差异 |
| 1 级 | 枝条木质部变褐部分<30% |
| 2 级 | 30%≤枝条木质部变褐部分<50% |
| 3 级 | 50%≤枝条木质部变褐部分<70% |
| 4 级 | 70%≤枝条木质部变褐部分<90% |
| 5 级 | 枝条基本全部冻死 |

根据寒害级别计算冻害指数，计算公式为：

$$CI = \frac{\sum (x \cdot n)}{X \cdot N} \times 100$$

式中：$CI$——冻害指数

$x$——受冻级数

$n$——各级受冻枝数

$X$——最高级数

$N$——总枝条数

根据冻害指数及下列标准确定木通种质的抗寒能力。

1 强(寒害指数<35.0)

2 中(35.0≤寒害指数<65.0)

3 弱(寒害指数≥65.0)

## 7.4 耐盐碱能力

耐盐碱能力鉴定采用咸水灌溉法(参考方法)。

春季将供试种子播种在容器内，每份种质播30粒，播后进行正常管理；测定无性系种质的耐盐碱能力，要采用同一类型砧木的嫁接苗。耐盐碱能力强、中、弱的种质各设对照。待幼苗长至30 cm左右时，往容器内灌咸水，使试材始终保持水淹状态。待耐盐碱能力中等的对照品种出现盐害时，恢复正常管理。对试材进行受害程度调查，分别记录木通种质每株试材的受害级别，根据受害级别计算受害指数，再根据受害指数大小评价各种质的耐盐碱能力。根据涝害症状将涝害分为6级。

| 级别 | 盐害症状 |
|---|---|
| 0 级 | 无盐害症状，与对照无明显差异 |
| 1 级 | 叶片受害<25%，少数叶片的叶缘出现褐色 |
| 2 级 | 25%≤叶片受害<50%，多数叶片的叶缘出现褐色 |
| 3 级 | 50%≤叶片受害<75%，叶片出现萎蔫或枯死<30% |
| 4 级 | 叶片受害≥75%，30%≤枯死叶片<50% |
| 5 级 | 全部叶片受害，枯死叶片≥50% |

根据盐害级别计算盐害指数，计算公式为：

$$WI = \frac{\sum (x \cdot n)}{X \cdot N} \times 100$$

式中：$WI$——盐害指数

$x$——盐害级数

$n$——各级盐害株数

$X$——最高盐害级数

$N$——总株数

根据盐害指数及下列标准，确定木通种质的耐盐碱程度。

　　1　强(盐害指数<35.0)

　　2　中(35.0≤盐害指数<65.0)

　　3　弱(盐害指数≥65.0)

## 7.5 抗晚霜能力

抗晚霜能力鉴定采用人工制冷法(参考方法)。

春季芽萌出后，从木通成龄结果树上剪取中庸的结果母枝 30 条，剪口蜡封后置于−2~−5℃冰箱中处理 6 h，取出放入 10~20℃室内保湿，24 h 后调查其受害程度，调查每份种质的每一枝条上萌动花芽或新梢的受害级别，根据受害级别计算各种质的受害指数，再根据受害指数的大小评价各种质的抗晚霜能力。抗晚霜能力的级别根据花芽受冻症状分为 6 级。

| 级别 | 受害症状 |
|---|---|
| 0 级 | 无受害症状，与对照对比无明显差异 |
| 1 级 | 花芽或新梢颜色变褐部分<30% |
| 2 级 | 30%≤花芽或新梢颜色变褐部分<50% |
| 3 级 | 50%≤花芽或新梢颜色变深褐部分<70% |
| 4 级 | 70%≤花芽或新梢颜色变深褐部分<90% |
| 5 级 | 花芽或新梢全部受冻害，枝条枯死 |

根据母枝受冻症状级别计算受冻指数，计算公式为：

$$CI = \frac{\sum (x \cdot n)}{X \cdot N} \times 100$$

式中：$CI$——受冻指数

$x$——受冻级数

$n$——各级受冻枝数

$X$——最高受冻级数

$N$——总枝条数

种质抗晚霜能力根据受冻指数及下列标准确定。

    1    强(受冻指数<35.0)

    2    中(35.0≤受冻指数<65.0)

    3    弱(受冻指数≥65.0)

# 8 抗病虫性

## 8.1 介壳虫抗性

抗虫性鉴定采用田间调查法(参考方法)。

每种质随机取样 3~5 株，记载每株树的发病情况，并记载有病斑的个数、群体类型、立地条件、栽培管理水平和病害发生情况等。根据症状病情分为 6 级。

| 级别 | 病情 |
|---|---|
| 0 级 | 无病症 |
| 1 级 | 叶片为浅绿色至微黄绿色或浓绿色至深绿色 |
| 2 级 | 叶背面聚集少量虫子吸食嫩叶汁液 |
| 3 级 | 叶片出现小面积失绿 |
| 4 级 | 叶片大面积失绿，叶背面聚集大量虫子 |
| 5 级 | 叶片干枯并脱落 |

调查后按下列公式计算染病率。

$$DP_1(\%) = \frac{n}{N} \times 100$$

式中：$DP_1$——染病率

$n$——染病叶片数

$N$——调查总叶片数

根据病害级别和染病率，按下列公式计算病情指数。

$$DI_1 = \frac{\sum(x \cdot n)}{X \cdot N} \times 100$$

式中：$DI_1$——病害指数

  $x$——该级病害代表值

  $n$——染病叶片数

  $X$——最高病害级的代表值

  $N$——调查的总叶片数

根据病情指数及下列标准确定某种质的抗病性。

  1  高抗（HR）（病情指数<5）

  3  抗（R）（5≤病情指数<10）

  5  中抗（MR）（10≤病情指数<20）

  7  感（S）（20≤病情指数<40）

  9  高感（HS）（40≤病情指数）

## 8.2  蚜虫抗性

抗虫性鉴定采用田间调查法（参考方法）。

每种质随机取样3~5株，记载每株树的发病情况，并记载有病斑的个数、群体类型、立地条件、栽培管理水平和病害发生情况等。根据症状病情分为6级。

| 级别 | 病情 |
|---|---|
| 0级 | 无病症 |
| 1级 | 叶片为浅绿色至微黄绿色或浓绿色至深绿色 |
| 2级 | 叶背面聚集少量虫子吸食嫩叶汁液 |
| 3级 | 叶片出现小面积失绿 |
| 4级 | 叶片大面积失绿，叶背面聚集大量虫子 |
| 5级 | 叶片干枯并脱落 |

调查后按下列公式计算染病率。

$$DP_1(\%) = \frac{n}{N} \times 100$$

式中：$DP_1$——染病率

  $n$——染病叶片数

  $N$——调查总叶片数

根据病害级别和染病率，按下列公式计算病情指数。

$$DI_1 = \frac{\sum(x \cdot n)}{X \cdot N} \times 100$$

式中：$DI_1$——病害指数

      $x$——该级病害代表值

      $n$——染病叶片数

      $X$——最高病害级的代表值

      $N$——调查的总叶片数

根据病情指数及下列标准确定木通种质的抗病性。

    1   高抗(HR)(病情指数<5)

    3   抗(R)(5≤病情指数<10)

    5   中抗(MR)(10≤病情指数<20)

    7   感(S)(20≤病情指数<40)

    9   高感(HS)(40≤病情指数)

### 8.3  红蜘蛛抗性

抗虫性鉴定采用田间调查法(参考方法)。

每种质随机取样 3~5 株，记载每株树的发病情况，并记载有病斑的个数、群体类型、立地条件、栽培管理水平和病害发生情况等。根据症状病情分为6级。

| 级别 | 病情 |
| --- | --- |
| 0 级 | 无病症 |
| 1 级 | 叶片为浅绿色至微黄绿色或浓绿色至深绿色 |
| 2 级 | 叶背面聚集少量虫子吸食嫩叶汁液 |
| 3 级 | 叶片出现小面积失绿 |
| 4 级 | 叶片大面积失绿，叶背面聚集大量虫子 |
| 5 级 | 叶片干枯并脱落 |

调查后按下列公式计算染病率。

$$DP_1(\%) = \frac{n}{N} \times 100$$

式中：$DP_1$——染病率

      $n$——染病叶片数

      $N$——调查总叶片数

根据病害级别和染病率，按下列公式计算病情指数。

$$DI_1 = \frac{\sum(x \cdot n)}{X \cdot N} \times 100$$

式中：$DI_1$——病害指数

　　　$x$——该级病害代表值

　　　$n$——染病叶片数

　　　$X$——最高病害级的代表值

　　　$N$——调查的总叶片数

根据病情指数及下列标准确定木通种质的抗病性。

　　1　高抗(HR)(病情指数<5)

　　3　抗(R)(5≤病情指数<10)

　　5　中抗(MR)(10≤病情指数<20)

　　7　感(S)(20≤病情指数<40)

　　9　高感(HS)(40≤病情指数)

## 8.4　叶斑病抗性

抗病性鉴定采用田间调查法(参考方法)。

每种质随机取样 3~5 株，记载每株的发病情况、群体类型、立地条件、栽培管理水平和病害发生情况。根据症状病情分为 6 级。

| 级别 | 病情 |
| --- | --- |
| 0级 | 无病症 |
| 1级 | 枝条上有少量变色的病斑 |
| 2级 | 枝条上病斑增多，粗糙的树皮上病斑边缘不明显 |
| 3级 | 病斑继续扩展，并逐渐肿大，树皮纵向开裂 |
| 4级 | 病斑包围枝干 |
| 5级 | 整个枝条或全株死亡 |

同时按下列公式计算染病率。

$$DP_2(\%) = \frac{n}{N} \times 100$$

式中：$DP_2$——染病率

　　　$n$——染病枝条数

　　　$N$——调查的总枝条数

根据病害级别和染病率，按下列公式计算病情指数。

$$DI_2 = \frac{\sum (x \cdot n)}{X \cdot N} \times 100$$

式中：$DI_2$——病害指数

　　　$x$——该级病害代表值

$n$——染病枝条数

$X$——最高病害级的代表值

$N$——调查的总枝条数

根据病情指数及下列标准确定木通种质的抗病性。

1　高抗(HR)(病情指数<5)

3　抗(R)(5≤病情指数<10)

5　中抗(MR)(10≤病情指数<20)

7　感(S)(20≤病情指数<40)

9　高感(HS)(40≤病情指数)

## 8.5　炭疽病抗性

抗病性鉴定采用田间调查法(参考方法)。

每种质随机取样 3~5 株,记载每株的发病情况、群体类型、立地条件、栽培管理水平和病害发生情况。根据症状病情分为 6 级。

| 级别 | 病情 |
|---|---|
| 0 级 | 无病症 |
| 1 级 | 枝条上有少量变色的病斑 |
| 2 级 | 枝条上病斑增多,粗糙的树皮上病斑边缘不明显 |
| 3 级 | 病斑继续扩展,并逐渐肿大,树皮纵向开裂 |
| 4 级 | 病斑包围枝干 |
| 5 级 | 整个枝条或全株死亡 |

同时按下列公式计算染病率。

$$DP_2(\%) = \frac{n}{N} \times 100$$

式中：$DP_2$——染病率

$n$——染病枝条数

$N$——调查的总枝条数

根据病害级别和染病率,按下列公式计算病情指数。

$$DI_2 = \frac{\sum (x \cdot n)}{X \cdot N} \times 100$$

式中：$DI_2$——病害指数

$x$——该级病害代表值

$n$——染病枝条数

$X$——最高病害级的代表值

$N$——调查的总枝条数

根据病情指数及下列标准确定木通种质的抗病性。

1　高抗(HR)(病情指数<5)

3　抗(R)(5≤病情指数<10)

5　中抗(MR)(10≤病情指数<20)

7　感(S)(20≤病情指数<40)

9　高感(HS)(40≤病情指数)

## 8.6　霜霉病抗性

抗病性鉴定采用田间调查法(参考方法)。

每种质随机取样3~5株,记载每株的发病情况、群体类型、立地条件、栽培管理水平和病害发生情况。根据症状病情分为6级。

| 级别 | 病情 |
| --- | --- |
| 0级 | 无病症 |
| 1级 | 枝条上有少量变色的病斑 |
| 2级 | 枝条上病斑增多,粗糙的树皮上病斑边缘不明显 |
| 3级 | 病斑继续扩展,并逐渐肿大,树皮纵向开裂 |
| 4级 | 病斑包围枝干 |
| 5级 | 整个枝条或全株死亡 |

同时按下列公式计算染病率。

$$DP_2(\%) = \frac{n}{N} \times 100$$

式中:$DP_2$——染病率

　　　$n$——染病枝条数

　　　$N$——调查的总枝条数

根据病害级别和染病率,按下列公式计算病情指数。

$$DI_2 = \frac{\sum (x \cdot n)}{X \cdot N} \times 100$$

式中:$DI_2$——病害指数

　　　$x$——该级病害代表值

　　　$n$——染病枝条数

　　　$X$——最高病害级的代表值

　　　$N$——调查的总枝条数

根据病情指数及下列标准确定木通种质的抗病性。

    1   高抗(HR)(病情指数<5)

    3   抗(R)(5≤病情指数<10)

    5   中抗(MR)(10≤病情指数<20)

    7   感(S)(20≤病情指数<40)

    9   高感(HS)(40≤病情指数)

## 8.7　叶枯病抗性

抗病性鉴定采用田间调查法(参考方法)。

每种质随机取样 3~5 株,记载每株的发病情况、群体类型、立地条件、栽培管理水平和病害发生情况。根据症状病情分为 6 级。

| 级别 | 病情 |
|------|------|
| 0 级 | 无病症 |
| 1 级 | 枝条上有少量变色的病斑 |
| 2 级 | 枝条上病斑增多,粗糙的树皮上病斑边缘不明显 |
| 3 级 | 病斑继续扩展,并逐渐肿大,树皮纵向开裂 |
| 4 级 | 病斑包围枝干 |
| 5 级 | 整个枝条或全株死亡 |

同时按下列公式计算染病率。

$$DP_2(\%) = \frac{n}{N} \times 100$$

式中:$DP_2$——染病率

    $n$——染病枝条数

    $N$——调查的总枝条数

根据病害级别和染病率,按下列公式计算病情指数。

$$DI_2 = \frac{\sum (x \cdot n)}{X \cdot N} \times 100$$

式中:$DI_2$——病害指数

    $x$——该级病害代表值

    $n$——染病枝条数

    $X$——最高病害级的代表值

    $N$——调查的总枝条数

根据病情指数及下列标准确定木通种质的抗病性。

    1   高抗(HR)(病情指数<5)

    3   抗(R)(5≤病情指数<10)

5 　中抗(MR)(10≤病情指数<20)

7 　感(S)(20≤病情指数<40)

9 　高感(HS)(40≤病情指数)

## 8.8 　白粉病抗性

抗病性鉴定采用田间调查法(参考方法)。

每种质随机取样 3~5 株,记载每株的发病情况、群体类型、立地条件、栽培管理水平和病害发生情况。根据症状病情分为 6 级。

| 级别 | 病情 |
|------|------|
| 0 级 | 无病症 |
| 1 级 | 枝条上有少量变色的病斑 |
| 2 级 | 枝条上病斑增多,粗糙的树皮上病斑边缘不明显 |
| 3 级 | 病斑继续扩展,并逐渐肿大,树皮纵向开裂 |
| 4 级 | 病斑包围枝干 |
| 5 级 | 整个枝条或全株死亡 |

同时按下列公式计算染病率。

$$DP_2(\%) = \frac{n}{N} \times 100$$

式中:$DP_2$——染病率

　　　$n$——染病枝条数

　　　$N$——调查的总枝条数

根据病害级别和染病率,按下列公式计算病情指数。

$$DI_2 = \frac{\sum (x \cdot n)}{X \cdot N} \times 100$$

式中:$DI_2$——病害指数

　　　$x$——该级病害代表值

　　　$n$——染病枝条数

　　　$X$——最高病害级的代表值

　　　$N$——调查的总枝条数

根据病情指数及下列标准确定木通种质的抗病性。

1 　高抗(HR)(病情指数<5)

3 　抗(R)(5≤病情指数<10)

5 　中抗(MR)(10≤病情指数<20)

7 　感(S)(20≤病情指数<40)

9 高感(HS)(40≤病情指数)

# 9 其他特征特性

## 9.1 指纹图谱与分子标记

对重要的木通种质进行分子标记分析并构建指纹图谱分析,记录分子标记分析及构建指纹图谱的方法(RAPD、ISSR、SCAR、SSR、AFLP 等),并注明所用引物、特征带的分子大小或序列,以及标记的性状和连锁距离等分析数据。

## 9.2 备注

木通种质特殊描述符或特殊代码的具体说明。

# 木通种质资源数据采集表

| 1 基本信息 | | | |
|---|---|---|---|
| 资源流水号(1) | | 资源编号(2) | |
| 种质名称(3) | | 种质外文名(4) | |
| 科中文名(5) | | 科拉丁名(6) | |
| 属中文名(7) | | 属拉丁名(8) | |
| 种名或亚种名(9) | | 种拉丁名(10) | |
| 原产地(11) | | 省(自治区、直辖市)(12) | |
| 原产国家(13) | | 来源地(14) | |
| 归类编码(15) | | 资源类型(16) | 1 野生资源(群体、种源) 2:野生资源(家系) 3:野生资源(个体、基因型) 4:地方品种 5:选育品种 6:遗传材料 7:其他 |
| 主要特性(17) | 1:高产 2:优质 3:抗病 4:抗虫 5:抗逆 6:高效 7:其他 | | |
| 主要用途(18) | 1:材用 2:食用 3:药用 4:防护 5:观赏 6:其他 | | |
| 气候带(19) | 1:热带 2:亚热带 3:温带 4:寒温带 5:寒带 | | |
| 生长习性(20) | 1:喜光 2:耐盐碱 3:喜水肥 4:耐干旱 | | |
| 开花结实特性(21) | | 特征特性(22) | |
| 具体用途(23) | | 观测地点(24) | |
| 繁殖方式(25) | | | |
| 选育单位(26) | | 育成年份(27) | |
| 海拔(28) | m | 经度(29) | |
| 纬度(30) | | 土壤类型(31) | |
| 生态环境(32) | | 年均温度(33) | ℃ |
| 年均降水量(34) | mm | 图像(35) | |

(续)

| 记录地址(36) | | 保存单位(37) | |
|---|---|---|---|
| 单位编号(38) | | 库编号(39) | | 引种号(40) | |
| 采集号(41) | | 保存时间(42) | |
| 保存材料类型(43) | 1:植株　2:种子　3:营养器官(穗条、块根、根穗、根鞭等)　4:花粉　5:培养物(组培材料)　6:其他 |
| 保存方式(44) | 1:原地保存　2:异地保存　3:设施(低温库)保存 |
| 实物状态(45) | 1:良好　2:中等　3:较差　4:缺失 |
| 共享方式(46) | 1:公益性　2:公益借用　3:合作研究　4:知识产权交易　5:资源纯交易<br>6:资源租赁　7:资源交换　8:收藏地共享　9:行政许可　10:不共享 |
| 获取途径(47) | 1:邮递　2:现场获取　3:网上订购　4:其他 |
| 联系方式(48) | | 源数据主键(49) | | 关联项目(50) | |

## 2　形态特征和生物学特性

| 生活型(51) | 1:常绿　2:半落叶<br>3:落叶 | 植株性别(52) | 1:雌雄同株　2:雌株<br>3:雄株 |
|---|---|---|---|
| 生长势(53) | 1:弱　2:中　3:强 | 藤茎(54) | cm |
| 主茎颜色(55) | 1:紫褐　2:灰褐 | 一年生枝颜色(56) | 1:橙　2:褐　3:灰褐<br>4:灰 |
| 一年生枝节间长(57) | cm | 一年生枝节数(58) | 1:少　2:中　3:多 |
| 一年生枝粗(59) | cm | 茎藤横截面纹理(60) | 1:不清晰　2:比较清晰<br>3:清晰 |
| 茎藤色泽(61) | 1:绿白　2:灰白　3:灰褐　4:灰棕　5:深棕 |
| 茎藤容重(62) | g/cm$^3$ | 根系(63) | 1:不发达　2:较发达<br>3:发达 |
| 顶芽大小(64) | 1:小　2:中　3:大 | 顶芽颜色(65) | 1:黄绿　2:橙　3:褐<br>4:灰褐 |
| 叶柄长度(66) | cm | 是否复叶(67) | 1:否　2:是 |
| 新叶主色(68) | 1:浅绿　2:绿　3:黄绿　4:浅黄　5:中黄　6:紫红 |
| 成熟叶主色(69) | 1:浅绿　2:绿　3:深绿　4:黄绿　5:紫红 |
| 小叶数量(70) | 1:3　2:5　3:其他 | 小叶质地(71) | 1:纸质　2:革质　3:半革质 |
| 小叶形状(72) | 1:长卵圆形　2:矩圆形　3:椭圆形　4:卵形 |
| 小叶是否全缘(73) | 1:否　2:是 | 小叶锯齿形态(74) | 1:波状锯齿　2:缺刻 |
| 小叶顶端形状(75) | 1:急尖　2:渐尖<br>3:圆钝　4:微凹 | 小叶基部形状(76) | 1:楔形　2:圆形<br>3:截形　4:心形 |
| 顶小叶长(77) | cm | 顶小叶宽(78) | cm |

(续)

| | | | |
|---|---|---|---|
| 花序类型(79) | 1:伞房状花序　2:总状花序 | 花柄长(80) | cm |
| 花序长(81) | cm | 单花序雄花朵数(82) | 1:少　2:中　3:多 |
| 雄花花梗长(83) | cm | 雄花萼片数(84) | 1:3　2:6　3:其他 |
| 雄花萼片形状(85) | 1:阔卵形　2:长卵形 | 雄花萼片颜色(86) | 1:白　2:浅红　3:浅紫　4:深紫　5:其他 |
| 雄花萼片长(87) | cm | 单花序雌花朵数(88) | 1:少　2:中　3:多 |
| 雌花花梗长(89) | cm | 雌花萼片数(90) | 1:3　2:6　3:其他 |
| 雌花萼片形状(91) | 1:线形　2:阔卵形　3:长圆形　4:近圆形 | | |
| 雌花萼片颜色(92) | 1:白　2:浅绿　3:浅黄　4:紫红　5:其他 | | |
| 雌花萼片长(93) | cm | 雌花心皮数(94) | 1:少　2:中　3:多 |
| 花香味(95) | 1:无　2:有 | 果柄附着力(96) | 1:弱　2:中　3:强 |
| 果实成熟时开裂(97) | 1:否　2:是 | | |
| 果实形状(98) | 1:椭球形　2:宽椭球形　3:近球形　4:不对称椭球形　5:长椭球形　6:肾形　7:镰刀形　8:柱形 | | |
| 单株果实数量(99) | 个 | 果实大小(100) | 1:小　2:中　3:大 |
| 果实纵径(101) | cm | 果实横径(102) | cm |
| 果实横纵径比(103) | | 果实横截面形状(104) | 1:圆形　2:椭圆形　3:长椭圆形 |
| 果实外皮成熟主色(105) | 1:白　2:浅绿　3:绿　4:黄　5:橙　6:粉　7:红　8:紫　9:蓝　10:褐 | | |
| 果实内皮颜色(106) | 1:白　2:浅黄　3:浅红　4:浅紫　5:浅蓝 | | |
| 果实味道(107) | 1:甜味　2:无味　3:其他 | 果肉甜度(108) | 1:弱甜　2:中甜　3:高甜 |
| 果柄长(109) | cm | 果皮剥离容易度(110) | 1:易　2:中　3:难 |
| 果皮厚(111) | mm | 平均单果质量(112) | g |
| 最大单果质量(113) | g | 单果果肉质量(114) | g |
| 单果果皮质量(115) | g | 每千克鲜果数(116) | g |
| 果皮百分率(117) | % | 果肉百分率(118) | % |
| 坐果率(119) | % | "大小年"现象(120) | 1:不明显　2:明显 |
| 果实后熟难易程度(121) | 1:易　2:中　3:难 | 果实耐贮性(122) | 1:弱　2:中　3:强 |

（续）

| | | | |
|---|---|---|---|
| 种子形状(123) | 1:椭圆形　2:心形<br>3:圆形 | 种子表皮颜色(124) | 1:褐　2:红褐　3:黑 |
| 种子大小(125) | 1:小　2:中　3:大 | 单果种子百分率(126) | % |
| 单果种子质量(127) | g | 单果种子数量(128) | 1:无或极少　2:少<br>3:中　4:多　5:很多 |
| 发芽率(129) | % | 千粒重(130) | g |
| 萌芽期(131) | 月　　日 | 花芽形成期(132) | 月　　日 |
| 花期(133) | 月　　日 | 果期(134) | 月　　日 |
| 果熟期(135) | 月　　日 | 落叶期(136) | 月　　日 |
| 3　品质特性 | | | |
| 种子含油率(137) | % | 种子棕榈酸含量(138) | % |
| 种子亚油酸含量(139) | % | 种子油酸含量(140) | % |
| 种子硬脂酸含量(141) | % | 种子饱和脂肪酸含量(142) | % |
| 种子不饱和脂肪酸含量(143) | % | 果肉维生素C含量(144) | mg/100g |
| 果肉总酸含量(145) | g/100g | 果肉总糖含量(146) | g/100g |
| 果肉还原糖含量(147) | mg/100g | 果肉蛋白质含量(148) | g/100g |
| 果肉氨基酸总含量(149) | mg/100g | 果肉脂肪含量(150) | g/100g |
| 果肉淀粉含量(151) | g/100g | 果肉可溶性固形物含量(152) | % |
| 果肉可溶性糖含量(153) | mg/100g | 果肉可溶性钙含量(154) | mg/100g |
| 果肉可溶性磷含量(155) | mg/100g | 果肉可溶性铁含量(156) | mg/100g |
| 果皮苯乙醇苷B含量(157) | % | 果皮总皂苷含量(158) | % |
| 果皮齐墩果酸含量(159) | % | 果皮总黄酮含量(160) | % |
| 藤条总皂苷含量(161) | % | 藤条齐墩果酸含量(162) | % |

（续）

| 藤条苯乙醇苷 B 含量（163） | % | | 藤 条 总 黄 酮 含 量（164） | % |
|---|---|---|---|---|

4　抗逆性

| 耐旱性(165) | 1：强　2：中　3：弱 |
|---|---|
| 耐涝性(166) | 1：强　2：中　3：弱 |
| 耐寒性(167) | 1：强　2：中　3：弱 |
| 耐盐碱能力(168) | 1：强　2：中　3：弱 |
| 抗晚霜能力(169) | 1：强　2：中　3：弱 |

5　抗病虫性

| 蚧壳虫抗性(170) | 1：高抗　3：抗　5：中抗　7：感　9：高感 |
|---|---|
| 蚜虫抗性(171) | 1：高抗　3：抗　5：中抗　7：感　9：高感 |
| 红蜘蛛抗性(172) | 1：高抗　3：抗　5：中抗　7：感　9：高感 |
| 叶斑病抗性(173) | 1：高抗　3：抗　5：中抗　7：感　9：高感 |
| 炭疽病抗性(174) | 1：高抗　3：抗　5：中抗　7：感　9：高感 |
| 霜霉病抗性(175) | 1：高抗　3：抗　5：中抗　7：感　9：高感 |
| 叶枯病抗性(176) | 1：高抗　3：抗　5：中抗　7：感　9：高感 |
| 白粉病抗性(177) | 1：高抗　3：抗　5：中抗　7：感　9：高感 |

6　其他特征特性

| 指纹图谱与分子标记（178） | |
|---|---|
| 备注(179) | |

填表人：　　　　审核：　　　　日期：

# 七 木通种质资源调查登记表

| 调查人 | | 调查时间 | | | | |
|---|---|---|---|---|---|---|
| 采集资源类型 | □野生资源(群体、种源)　　□野生资源(家系)<br>□野生资源(个体、基因型)　　□地方品种　　□选育品种<br>□遗传材料　　□其他_____ | | | | | |
| 采集号 | | 照片号 | | | | |
| 地点 | | | | | | |
| 北纬 | °　　′　　″ | 东经 | °　　′　　″ | | | |
| 海拔 | m | 坡度 | ° | 坡向 | | |
| 土壤类型 | | | | | | |
| 生活型 | □常绿　□半落叶　□落叶 | | | | | |
| 生长势 | □弱　□中　□强 | | | | | |
| 小叶数量 | □3　□5　□其他 | | | | | |
| 小叶是否全缘 | □否　□是 | | | | | |
| 雄花萼片性状 | □阔卵形　□长卵形 | | | | | |
| 雄花萼片颜色 | □白　□浅红　□浅紫　□深紫　□其他 | | | | | |
| 雌花萼片形状 | □线形　□阔卵形　□长圆形　□近圆形 | | | | | |
| 雌花萼片颜色 | □白　□浅绿　□浅黄　□紫红　□其他 | | | | | |
| 雌花萼片长度 | □短　□中　□长 | 果实成熟时开裂 | □否　□是 | | | |
| 果实外皮成熟主色 | □白　□浅绿　□绿　□黄　□橙　□粉　□红　□紫　□蓝　□褐 | | | | | |
| 果实形状 | □椭球形　□宽椭球形　□近球形　□不对称椭球形　□长椭球形　□肾形　□镰刀形　□柱形 | | | | | |
| 藤茎粗(1 m处) | cm | 地径(0.05 m处) | cm | | | |
| 单果质量 | □轻　□中　□重 | | | | | |
| 单果种子数量 | □无或极少　□少　□中　□多　□很多 | | | | | |
| 其他描述 | | | | | | |
| 权属 | | 管理单位/个人 | | | | |

# 木通种质资源利用情况登记表

| 种质名称 | | | | | |
|---|---|---|---|---|---|
| 提供单位 | | 提供日期 | | 提供数量 | |
| 提供种质类型 | 授权新品种□　审认定品种□　国外引进品种□　种源□　家系□<br>无性系□　亚种□　近缘植物□　遗传材料□　突变体□　其他□ | | | | |
| 提供种质形态 | 植株(苗)□　果实□　籽粒□　根□茎(插条)□　叶□　芽□<br>花(粉)□　组织□　细胞□　DNA□　其他□ | | | | |
| 资源编号 | | | 单位编号 | | |

提供种质的优异性状及利用价值:

| 利用单位 | | 利用时间 | |
|---|---|---|---|
| 利用目的 | | | |

利用途径:

取得实际利用效果:

种质利用单位盖章　　　　　　　　种质利用者签名:

年　　月　　日

# 参考文献

曹庸，熊大胜，朱金桃，等，2003. 三叶木通果实呼吸生理与贮藏保鲜条件的研究[J]. 果树学报（6）：512-514.

常青，杨志平，汪金小，2016. 白木通种子贮藏研究[J]. 农业与技术，36(23)：21-22.

陈龙梗，李欢欢，石慧慧，等，2016. 不同产地木通的电化学指纹图谱研究[J]. 中国现代中药，18(9)：1139-1142.

陈巍，钟胜福，陈华保，等，2017. 三叶木通资源开发利用与精准扶贫战略研究——以石棉县为例[J]. 中国野生植物资源，36(5)：71-74.

冯航，2010. 三叶木通化学成分和药理作用研究进展[J]. 西安文理学院学报(自然科学版)，13(4)：16-18.

高慧敏，王智民，曲莉，等，2007. RP-HPLC 测定木通中木通苯乙醇苷 B 的含量[J]. 中国中药杂志（6）：476-478.

高慧敏，王智民，2006. 白木通中一个新的三萜皂苷类化合物[J]. 药学学报（9）：835-839.

高黎明，何仰清，魏小梅，等，2004. 木通属植物化学成分及药理活性研究进展[J]. 西北师范大学学报(自然科学版)（1）：108-114.

高伟，李遵，段伟华，等，2015. 比色法测定木通属植物总皂苷含量的研究[J]. 中南林业科技大学学报，35(10)：134-137，146.

郭林新，马养民，乔珂，等，2017. 三叶木通化学成分及其抗氧化活性[J]. 中成药，39(2)：338-342.

郭林新，2017. 三叶木通化学成分及生物活性研究[D]. 西安：陕西科技大学.

郭艳玲，2017. 三叶木通化学成分及抗氧化活性实验研究[J]. 社区医学杂志，15(17)：84-86.

何小三，龚春，黄建建，等，2017. 不同地理种源白木通经济性状差异的比较[J]. 经济林研究，35(1)：36-42.

黄佩蓓，陈世华，王飞，等，2016. 木通属植物种质资源的 SRAP 分析[J]. 湖北农业科学，55(7)：1747-1750.

李斌，2016. 木通——园林中的药食同源植物[J]. 园林（8）：65-67.

李红英，王晓辉，覃大吉，等，2018. 湘鄂地区三叶木通野生资源的 RAPD 亲缘关系分析[J]. 湖北农业科学，57(23)：148-152.

李金光，1991. 木通属植物的化学成分研究概况[J]. 中国野生植物（1）：11-18.

李磊，刁锴，欧金梅，等，2017. 五叶木通藤茎三萜皂苷类成分分布规律研究[J]. 安徽中医药大学学报，36(5)：77-80.

李丽，陈绪中，姚小洪，等，2010. 三种木通属植物的地理分布与资源调查[J]. 武汉植物学研究，28(4)：497-506.

李同建，董婧，廖亮，等，2018. 三叶木通微卫星分子标记开发及评价[J]. 广西植物，38(9)：1117-1124.

李秀华，肖娅萍，谢娇，2007. 三叶木通种质资源形态多样性研究[J]. 陕西师范大学学报(自然科学版)(4)：88-93.

刘桂艳，王晔，马双成，等，2004. 木通属植物木通化学成分及药理活性研究概况[J]. 中国药学杂志(5)：17-19.

刘梅影，杨志平，戴星照，等，2016. 白木通种子生物学特性研究[J]. 安徽农业科学，44(34)：18-19.

刘男，2017. 木通科(Lardizabalaceae)花瓣的发育形态学研究[D]. 西安：陕西师范大学.

刘婷，卢萍，朱志国，等，2019. 三叶木通营养成分与深加工研究进展[J]. 现代农业科技(3)：35-37.

刘卫国，杨文钰，肖启银，2005. 三叶木通齐墩果酸的超声提取工艺研究[J]. 中药材(2)：140-141.

陆俊，罗丹，张佳琦，等，2016. 三叶木通不同部位多酚、黄酮含量及抗氧化活性比较[J]. 食品与机械，32(8)：132-135.

罗赛男，卜范文，程小梅，等，2017. 浅谈三叶木通在湖南地区开发的市场前景[J]. 特种经济动植物，20(5)：44-45.

马传国，董学工，程亚芳，2009. 三叶木通籽成分及三叶木通籽油的理化指标分析[J]. 中国油脂，34(9)：77-79.

牛娅楠，2018. 三叶木通 MADS-box 家族 AktFL1 及 AktAG1 的功能研究[D]. 西安：陕西师范大学.

欧金梅，储晓琴，张虹，2015. 高效液相色谱法测定安徽产木通药材中3种有效成分含量[J]. 安徽中医药大学学报，34(1)：70-73.

欧茂华，2004. 几种重要木通科野生果树资源及其利用评价[J]. 西南农业学报(3)：368-370.

彭涤非，王中炎，2006. 三叶木通种子脂肪酸成分的 GC-MS 分析[J]. 植物资源与环境学报(4)：71-72.

覃大吉，向极钎，杨永康，等，2017. 三叶木通播种育苗技术操作规程[J]. 湖北农业科学，56(18)：3497-3500.

单章建，慕泽泾，覃海宁，2018. 江西省木通科药用植物种类鉴别及分布研究[J]. 中国医药科学，8(19)：53-57，64.

邵显会，肖娅萍，张珂，等，2012. 不同产地三叶木通中总黄酮含量的测定[J]. 光谱实验室，29(3)：1345-1350.

邵显会，2012. 三叶木通总黄酮和多糖的提取纯化及生物活性研究[D]. 西安：陕西师范大学.

石小兵，杨航，赵致，等，2016. 三叶木通的组织培养和多倍体诱导[J]. 江苏农业科学，44(5)：69-71.

石小兵，2016. 三叶木通组织培养及多倍体诱导[D]. 贵阳：贵州大学.

孙君策，2018. 淅川县木通资源分布概述[J]. 特种经济动植物，21(5)：44-45.

孙翔宇，高贵田，严勃，等，2012. 三叶木通与猫儿屎种子脂肪酸和氨基酸分析[J]. 中药材，35(9)：1444-1447.

孙晓东，张心伟，谭书明，2018. 三叶木通果皮茶工艺优化[J]. 贵州农业科学，46(11)：134-137，141.

田宗城，李峰，王文龙，等，2005. 木通属植物的 RAPD 研究[J]. 湖南文理学院学报（自然科学版）(2)：40-42.

王峰，李德铢，2002. 基于广义形态学性状对木通科的分支系统学分析[J]. 云南植物研究(4)：445-454.

王乐乐，周绍琴，宋小娟，2018. 三叶木通及其果实研究进展[J]. 现代农业科技 (22)：252-253.

王晔，鲁静，林瑞超，等，2004. 中药材木通质量评价方法的研究[J]. 药物分析杂志，24(2)：171-174.

王晔，鲁静，林瑞超，2004. 三叶木通藤茎的化学成分研究[J]. 中草药 (5)：19-22.

王瑛，2007. 三叶木通扦插繁殖技术研究[D]. 武汉：华中农业大学.

王玉娟，敖婉初，何小三，等，2016. 中国9个产地的三叶木通果实理化成分比较[J]. 西部林业科学，45(6)：43-48.

王玉娟，何小三，李进，等，2018. 木通科种质资源适应性评价[J]. 南方林业科学，46(2)：24-27.

王玉娟，幸伟年，何小三，等，2018. 施肥对白木通产量和质量的影响[J]. 南方林业科学，46(1)：19-21.

王喆，张铮，褚会娟，等，2010. 三叶木通 AFLP 反应体系的建立及优化[J]. 中草药，41(12)：2074-2078.

吴永朋，原雅玲，肖娅萍，2011. 三叶木通的研究进展[J]. 陕西林业科技 (1)：31-34.

吴正花，喻理飞，严令斌，等，2018. 三叶木通叶片解剖结构和光合特征对干旱胁迫的响应[J]. 南方农业学报，49(6)：1156-1163.

吴中宝，徐晓华，杨力，等，2017. 重庆市南川区三叶木通种植技术探讨[J]. 南方农业，11(28)：78-79.

向胜华，杨玉丽，曹珺珺，2018. 野生三叶木通保护性研究与开发应用[J]. 中国农技推广，34(6)：42-43.

谢娇，李秀华，张传军，等，2006. 三叶木通野生资源的分布[J]. 陕西师范大学学报（自然科学版）(S1)：272-274.

谢娇，2007. 三叶木通种群特征及最大可持续产量的研究[D]. 西安：陕西师范大学.

谢丽莎，谈远锋，2004. 紫外光谱组法鉴别三种不同科属的木通[J]. 上海中医药杂志（9）：58-59.

熊大胜，郭春秋，谢彬，2005. 三叶木通种子品质性状研究[J]. 中草药（11）：1710-1713.

熊大胜，胡红梅，郭利双，等，2008. 三种木通属木通栽培密度与修剪技术比较研究[J]. 湖南文理学院学报(自然科学版)(1)：60-63.

熊大胜，王继永，席在星，等，2006. 三叶木通种子休眠与发芽技术研究[J]. 湖南文理学院学报(自然科学版)(3)：46-49.

熊大胜，熊英，郭春秋，等，2008. 三叶木通茎藤生长性状地理变异研究[J]. 湖南文理学院学报(自然科学版)，20(4)：28-31.

熊大胜，熊英，何焱，2006. 栽培条件下三叶木通茎藤生长与主要气候因子的关系研究[J]. 武汉植物学研究（6）：587-589.

熊大胜，熊英，席在星，等，2007. 三叶木通丰产栽培技术研究[J]. 湖南农业大学学报（自然科学版）(2)：156-159.

熊大胜，赵润怀，熊英，等，2005. 三叶木通茎藤及果实性状评价研究[J]. 武汉植物学研究（3）：280-284.

杨航，刘红昌，石小兵，等，2016. 三叶木通果实成熟过程内参基因筛选[J]. 基因组学与应用生物学，35(5)：1206-1212.

杨航，刘红昌，石小兵，等，2016. 三叶木通果实转录组测序初步分析[J]. 山地农业生物学报，35(2)：46-51.

杨志平，刘梅影，戴星照，等，2016. 白木通有性繁殖技术研究[J]. 中国农业信息（22）：124-125.

游彩云，黄红兰，梅拥军，2018. 赣南木通科植物资源及栽培利用研究[J]. 南方林业科学，46(1)：22-24.

游彩云，2017. 论述木通科木通人工栽培的研究概况[J]. 现代职业教育（35）：49.

俞信光，马俞燕，冯亚斌，等，2015. 三叶木通果皮总黄酮微波提取法工艺优化研究[J]. 药物生物技术，22(3)：243-247.

袁贤达，高慧敏，王智民，等，2012. 基于木通皂苷探讨中药质量评价用对照提取物研究[J]. 中国中药杂志，37(16)：2413-2416.

展晓日，李晓琳，董宏然，等，2014. 三叶木通种子的解剖学研究[J]. 中国中药杂志，39(23)：4580-4582.

占志勇，龚春，杨集明，等，2016. 三叶木通藤茎药用成分地理变异规律研究[J]. 经济林研究，34(1)：107-110，128.

张恒文，2018. 天水地区野生三叶木通果皮中锌、铅、铬含量的测定[J]. 农家参谋（13）：229，258.

张孟琴，孔繁伦，田爱琴，等，2007. 三叶木通果皮果胶沉析条件的研究[J]. 食品工业科技（12）：79-81.

张孟琴，张丽娜，王朝阳，等，2010. 三叶木通果皮总黄酮的提取和含量测定的研究[J].
　　食品工业科技，31（1）：250-253.

张孟琴，2007. 三叶木通果皮中果胶和黄酮的提取分离研究[D]. 长沙：湖南农业大学.

张时煌，戴星照，吴美华，等，2016. 施肥和收获期对新型藤本油料植物白木通产量的影
　　响[J]. 江西农业学报，28（11）：51-53，58.

张希凤，刘红昌，李金玲，等，2016. 三叶木通的花粉活力与柱头可授性[J]. 贵州农业科
　　学，44（5）：117-119.

张希凤，2017. 贵州野生三叶木通开花结实期生理生态特性及品质研究[D]. 贵阳：贵州
　　大学.

张小波，陈敏，郭兰萍，等，2011. 我国三叶木通生态适宜性等级区划研究[J]. 中国实验
　　方剂学杂志，17（18）：122-125.

张雪，马玉华，仲伟敏，2016. 贵州三叶木通遗传多样性及亲缘关系分析[J]. 西北植物学
　　报，36（11）：2192-2197.

张燕君，党海山，杨路路，等，2013. 药用植物三叶木通（*Akebia trifoliata* subsp. *trifoliata*）
　　野生资源的地理分布与调查[J]. 中国野生植物资源，32（3）：58-62.

张燕祥，张铮，董声，2014. 三叶木通 SRAP 体系的优化及其遗传多样性[J]. 陕西师范大
　　学学报（自然科学版），42（5）：65-70.

张铮，蹇君艳，王喆，2016. 陕西秦岭地区三叶木通遗传多样性的 AFLP 分析[J]. 中草
　　药，47（21）：3890-3895.

张铮，王强，2005. 三叶木通总 DNA 提取方法的比较[J]. 西北农业学报（3）：146-149.

张铮，王喆之，2005. 三叶木通不同部位有效成分含量比较研究[J]. 中药材（11）：18-
　　19.

郑勇，廖勤俭，周韩玲，等，2018. 三叶木通果皮活性成分的研究[J]. 食品与发酵科技，
　　54（6）：57-60.

仲伟敏，马玉华，2015. 三叶木通不同单株叶片解剖结构的差异[J]. 贵州农业科学，43
　　（9）：30-34.

仲伟敏，马玉华，2015. 三叶木通优选单株果实的营养品质特性[J]. 贵州农业科学，43
　　（1）：140-142.

仲伟敏，马玉华，2016. 三叶木通种子的营养成分分析与评价[J]. 西南农业学报，29（1）：
　　169-173.

周娜娜，2018. 三叶木通籽油提取及生物活性研究[D]. 株洲：中南林业科技大学.

周奕菲，2018. 野生三叶木通资源特性调查与多倍体诱变研究[D]. 郑州：河南农业大学.

CHOI J, JUNG H J, LEE K T, et al, 2005. Antinociceptive and anti-inflammatory effects of the
　　saponin and sapogenins obtained from the stem of *Akebia quinata*. [J]. Journal of Medicinal
　　Food, 8（1）: 78-85.

DU Y, JIANG Y, ZHU X, et al, 2012. Physicochemical and functional properties of the protein isolate and major fractions prepared from *Akebia trifoliata* var. *australis* seed[J]. Food Chemistry, 133(3): 923-929.

GAO H, WANG Z, 2006. Triterpenoid saponins and phenylethanoid glycosides from stem of *Akebia trifoliata* var. *australis*[J]. Phytochemistry (Amsterdam), 67(24): 2697-2705.

GUIYANL, JIAN Z, ZHENXI Y, et al, 2005. Study on sterols and triterpenes from the stems of *Akebia quinata*[J]. Journal of Chinese Medicinal Materials, 28(12): 1060.

IKUTA A, ITOKAWA H, 1988. A triterpene from *Akebia quinata* callus tissue[J]. Phytochemistry, 27(12): 3809-3810.

IKUTA A, 1989. 30-Noroleanane saponins from callus tissues of *Akebia quinata*[J]. Phytochemistry, 28(10): 2663-2665.

IKUTA A, 1991. *Akebia quinata* Decne (Akebi): In vitro culture and the formation of secondary metabolites[M]// Medicinal and Aromatic Plants III. Springer Berlin Heidelberg.

JIANG D, SHI S P, CAO J J, et al, 2008. Triterpene saponins from the fruits of *Akebia quinata*[J]. Biochemical Systematics and Ecology, 36(2): 138-141.

KAWAGOE T, SUZUKI N, 2010. Floral sexual dimorphism and flower choice by pollinators in a nectarless monoecious vine *Akebia quinata* (Lardizabalaceae)[J]. Ecological Research, 17(3): 295-303.

KAWAGOE T, SUZUKI N, 2010. Self-pollen on a stigma interferes with outcrossed seed production in a self-incompatible monoecious plant, *Akebia quinata* (Lardizabalaceae)[J]. Functional Ecology, 19(1): 49-54.

LIU W, YANG W, XIAO Q, 2005. Study on ultrasonic extraction technics of oleanolic acid in *Akebia trifoliata*][J]. Journal of Chinese Medicinal Materials, 28(2): 140.

MIMAKIY, DOI S, KURODA M, et al, 2007. Triterpene Glycosides from the Stems of *Akebia quinata*[J]. Chemical & Pharmaceutical Bulletin, 55(9): 1319-1324.

SHAN H, SU K, LU W, et al, 2006. Conservation and divergence of candidate class B genes in *Akebia trifoliata* (Lardizabalaceae)[J]. Development Genes & Evolution, 216(12): 785-795.